SCHÄFFER
POESCHEL

Udo Haeske

Creative Mindset

Tools für Innovatoren, Kreative und Change Agents

1. Auflage
Schäffer-Poeschel Verlag Stuttgart

Bibliografische Information der Deutschen Nationalbibliothek

Die Deutsche Nationalbibliothek verzeichnet diese Publikation in der Deutschen Nationalbibliografie; detaillierte bibliografische Daten sind im Internet über http://dnb.dnb.de abrufbar.

Print: ISBN 978-3-7920-4800-0 Bestell-Nr. 10398-0001
ePDF: ISBN 978-3-7910-4801-7 Bestell-Nr. 10398-0150

Udo Haeske
Creative Mindset
1. Auflage, April 2020

www.schaeffer-poeschel.de
service@schaeffer-poeschel.de

Bildnachweis: © Dr. Udo Haeske
Produktmanagement: Dr. Frank Baumgärtner

Lektorat: Alexander Kurz, Redaktionsbüro Kurz, Stuttgart
Heike Münzenmaier
Satz: Sandra Schönthaler
Grafik: Dr. Udo Haeske

Schäffer-Poeschel Verlag Stuttgart
Ein Unternehmen der Haufe Group

Inhaltsverzeichnis

„Nicht einige wenige sind berufen, sondern alle.“

Joseph Beuys

Einleitung

Kreativität spricht Dich an? Sehr schön, dann bist Du hier richtig. Techniken wirst Du hier allerdings nicht finden. Dafür viele Anregungen, wie Du Deine kreativen Potenziale besser entfalten kannst. Es spielt keine Rolle, wo Du stehst oder und was Du beruflich tust. Aber wenn Du diese Reise machen möchtest, wirst Du riskieren, dass Du nicht derselbe bleibst. Du wirst besser.

Überlege nicht zu lange, sonst vergeht diese Neugier auf das Neue vielleicht und Du bleibst der, der Du bist. Du verpasst vielleicht die Chance, Dich inspirieren zu lassen, um die bessere Variante von Dir selbst zu werden. Kreativität erschließt Dir im besten Sinne neue Möglichkeiten in allem, was Du tust und wie Du es tust – wenn Du etwas tust.

Deine Reise begann schon vorher, aber jetzt stehst Du hier und kannst ihr eine neue Richtung geben. Hier ist der Plan: Du kannst die Reise ganz einfach so machen, wie es Dir gefällt, systematisch von vorne nach hinten, oder umgekehrt, lustorientiert vor und zurück, in einem Rutsch oder in Etappen. Sehr eindeutig, oder?

Es wird eine farbenfrohe Reise. Erfahrene Experten werden Dich hier und da ansprechen und da, wo Du verweilen möchtest, kannst Du mehr erfahren und sicher auch einige Überraschungen entdecken.

O.k., genug geredet. Lass Dir das Abenteuer nicht entgehen. Es geht los!

Kreativität

„Creative Thinking – in terms of idea and creativity – is not a mystical talent. It is a skill, that can be praised and nurtured."

Edward de Bono

„There's no formula." J. K. Rowling

Viele Versprechen suggerieren, dass kreativer Erfolg planbar ist: Prozessmodelle, die stufenweise bis zum Ergebnis abgearbeitet werden können, Techniken, die wie Werkzeuge zum Einsatz gebracht werden müssen, Checklisten, die zeigen, worauf es ankommt. Ein Rückgriff auf Routinen und Verfahren nimmt die Angst vor dem Risiko, verspricht Vorhersehbarkeit und nährt die Erwartung, dass das Risiko aus der Gleichung herausgekürzt werden kann. Aber hätte Thomas Alva Edison hunderte Anläufe gebraucht, die Glühbirne zu erfinden, wenn er – ein erfahrener Erfinder – eine einfache Erfolgsstrategie gekannt hätte? Warum wird nach wie vor der Zufall als einflussreicher Faktor gehandelt? Und wie kommt es, dass einerseits bekannt ist, dass Neuentdeckungen auffällig häufig an Schnittstellen zwischen unverbundenen Bereichen entstehen, das „Wie" und „Wann" aber nirgends genau definiert werden kann? Unberechenbarkeit lässt sich bislang nicht wegrationalisieren:

- Techniken und Prozeduren, die Kreativität anregen sollen, sind geeignet, Denkgewohnheiten zu unterlaufen und machen Mut, alternative Vorgehensweisen auszuprobieren. Sie erhöhen die Wahrscheinlichkeit, Neues zu entdecken – eine Garantie dafür sind sie aber nicht.
- Es sind die Menschen, die mit Einsatz, Kompetenz und Beharrungsvermögen auf einen Durchbruch hinarbeiten – die Methoden, die sie anwenden, sind nicht entscheidend.
- Bleib skeptisch, wenn Du das Patentrezept zum kreativen Erfolg serviert bekommst. Schau, was der Koch daraus gezaubert hat, und urteile dann, wie gut es sich auf Dein Menü übertragen lässt.
- Wenn Du Erfolgsstrategien hast, wirst Du ebenfalls die Neigung verspüren, die Routine zum Rezept zu machen. Pass auf: Kreativität ermüdet, wenn Du Dich nicht gelegentlich neu erfindest!

Kreativität: bahnbar, nicht planbar

Ein Rezept verspricht Dir, was aus dem Ofen kommt.
Kreativität dagegen ist Überraschung.
Deshalb funktionieren Rezepte und Checklisten,
die Kreativität als sicheren Erfolgspfad verkaufen, selten.

Als *Kopernikus* das geozentrische Weltbild infrage stellte, erschütterte er ein über Jahrhunderte geltendes Weltbild. Aus Angst und Zweifel zögerte er die Veröffentlichung Jahrzehnte hinaus. Erst auf dem Totenbett erfuhr er Anerkennung für seine Gedanken.

Als *Darwin* im 19. Jahrhundert das anthropozentrische Weltbild mit der Beobachtung revolutionierte, dass der Mensch vom Tier abstammt, war er sich der ketzerischen Wirkung bewusst. Auch er zögerte über Jahre mit der Veröffentlichung. Über seine Forschungsergebnisse konnte er weder mit seiner streng christlichen Frau noch mit zeitgenössischen Wissenschaftlern sprechen. Darwin belastete die Geheimhaltung sehr. Nach zwanzig Schweigejahren erfährt er, dass ähnliche Gedanken veröffentlicht werden sollen – und er entscheidet sich, zu publizieren. Seine Erkenntnisse erschüttern die Welt und sind bis heute Anlass heftiger Diskussionen.

Sigmund Freud fügte an der Wende des 20. Jahrhunderts der Menschheit eine dritte Kränkung hinzu, indem er dem Unbewussten einen größeren Einfluss zuschrieb als dem Bewusstsein. Dass nicht Vernunft, sondern Triebe unser Handeln steuern, war ungeheuerlich. Als er an die Öffentlichkeit ging, musste er sich als „Lustlümmel“ und „Schänder der Kinderstuben“ beschimpfen lassen.

Kreativität: unberechenbare Reaktionen

Kreativ zu sein, bedeutet, sich auf das Ungewisse einzulassen. Es gibt Prinzipien, die Du nutzen kannst, um Risiken zu minimieren, aber keine Garantien für den Erfolg.

Wer Kreativität wagt, begibt sich auf einen Pfad mit unsicherem Ausgang. Er setzt sich dem unvorhersehbaren Urteil der Mitwelt aus. Die Aussicht auf Erfolg, Anerkennung oder Begeisterung ist nicht ohne die potenzielle Aussicht auf Verriss und Anfeindung zu haben. Das bewirkt ein Maß an Verunsicherung, das dem menschlichen Bedürfnis nach Sicherheit zuwiderläuft. Auch Du wirst diese Verunsicherung spüren, wenn Du Dich darauf einlässt, etwas Neues auszuprobieren, und wenn Du von einer Fragestellung entzündet bist, die Dich in fremdes, unkartiertes Gelände führt. Je stärker Du Konventionen infrage stellst, desto höher das Risiko.

Es ist wichtig, Selbstbewusstsein aufzubauen, Strategien für den Umgang mit Unsicherheiten zu entwickeln, eine unterstützende Community und Mitstreiter zu haben und realistisch einzuschätzen, unter welchen Bedingungen Dein Projekt erfolgreich ist. Wir werden alle diese Themen aufgreifen.

„Als wir den Kubismus erfanden,
hatten wir keinerlei Absicht, den Kubismus zu erfinden.
Wir wollten nur ausdrücken, was in uns war.“
Pablo Picasso

„No one is obliged to be a genius, but everyone is obliged to participate.“
Philippe Starck

Auf dem Spielfeld der Kreativität mischen sich Anfänger und Profis. Anfänger sind meist als *Erkunder* unterwegs. Ihr vorrangiges Ziel ist es, Methoden, Techniken, Themen und Haltungen zu erlernen, um sich frei im kreativen Raum bewegen zu können. Musik, Literatur, Skulptur, Malerei, Performance etc. sind solche kreativen Räume, aber eben auch Innovations- und Veränderungsprozesse in Teams oder Organisationen. Du erlernst nach und nach das Handwerk, um Deine Ideen umsetzen zu können. Als Innovator befasst Du Dich mit Strategien für innovative Produkte und als Change-Agent erprobst Du die etablierten Werkzeuge der Organisationstransformation.

Mit dem *Erkunder*-Mindset geht es darum, zu verstehen, wie der Hase läuft, und wachsende Sicherheit zu gewinnen. Profis hingegen handeln aus dem *Entgrenzungs*-Mindset heraus. Sie sind aufgrund profunder Erfahrung so vertraut mit dem Raum, dass seine Begrenzungen einschränkend und langweilig wirken. Wenn *Entgrenzung* auf Dich zutrifft, kennst Du das Bedürfnis, das Territorium hinter den aktuellen Raumgrenzen zu erobern. Dich interessieren Grenzbereiche Deiner Thematik, das, was die Avantgarde beschäftigt und wo noch unkartiertes Gelände darauf wartet, von Dir als Erster besetzt zu werden.

Erkunden und *Entgrenzen* sind grundverschiedene Haltungen und selten auf einen Nenner zu bringen. Diese Unterscheidung kann Dir helfen, Dich und Dein Umfeld in Gesprächen, Diskussionen, Urteilen besser zu verstehen. Fühl Dich wohl, wo Du zu Hause bist.

Erkunden oder Entgrenzen

Novize oder Experte?
Zwei unterschiedliche Welten.
Wo stehst Du im Moment?

Das Label „kreativ" setzt *Neuheit* und *Funktionalität* voraus. Neuheit bedeutet ein bestimmtes Maß an *Originalität, Überraschung* und *Unvorhersehbarkeit*. Funktionalität meint, dass das kreative Produkt einen bestimmten Nutzen erfüllen muss, um nicht einfach nur schrill zu sein. Vergleicht man exemplarisch die kreativen Leistungen eines Musikers wie Johann Sebastian Bach, eines Literaten wie Goethe, eines Wissenschaftlers wie Einstein, eines Künstlers wie Picasso, eines Unternehmers wie Steve Jobs, dürfte schnell klar werden, dass das, was sie auf ihrem jeweiligen Gebiet *neu* und *funktional* einbrachten, zwar kreativ, aber konkret kaum miteinander vergleichbar ist. Man kann daher verallgemeinern, dass Kreativität in der Praxis je nach Gebiet völlig unterschiedlich ist. Das erklärt auch, warum Tests, die Kreativität ganz allgemein messen wollen, nicht funktionieren, und auch keinen Kreativitätserfolg *auf einem spezifischen Gebiet* vorhersagen können.

Kreativität ist spezifisch und nicht allgemein. Deshalb ist jeder der erwähnten Kreativitätsgiganten auch nur auf einem oder wenigen Gebieten herausragend kreativ gewesen. Es ist nicht belegt, dass einer von ihnen je einen Kreativitätskurs belegt hat. Aber jeder von ihnen hat extrem fleißig und fokussiert auf seinem Gebiet gearbeitet und dabei bestimmte abstrakte Prinzipien zum Einsatz (siehe S. 76) gebracht. Beides zusammen erklärt, warum sie kreativer als andere waren.

„Jedes Werkzeug muss durch die Erfahrung gemacht werden."

Leonardo da Vinci

Generalisierungs-Falle

Es gibt keine generelle, sondern nur eine spezifische Kreativität. Kreativität basiert auf Fleiß und der Anwendung abstrakter Prinzipien auf ein konkretes Gebiet.

Wenn Du Dein kreatives Potenzial ausschöpfen willst, dann grab Dich tief in Deine Materie ein und wende dabei die Prinzipien an, die ein kreatives Mindset ausmachen. Die Prinzipien sind in diesem Buch beschrieben, müssen aber von Dir auf Deinen Anwendungsbereich konkret übersetzt werden.

„Neue Ideen sind meistens die Kinder alter Gedanken.“

Henri Bergson

„Stanley Kubrick´s ‚2001‘ was the door that opened up the possibility of science fiction for me. Everything else up to then was fine, but didn´t quite work for me.“

Ridley Scott

„Ein guter Maler ist inwendig voller Figur und wenn er ewig leben könnte, hätte er aus den inneren Ideen, von denen Plato schreibt, immer etwas Neues durch die Werke auszugießen.“

Albrecht Dürer

„So gehört auch alles, was uns bei unseren Koproduktionen beeinflusst und in die Stücke einfließt, für immer zum Tanztheater. Wir nehmen es überall hin mit.“

Pina Bausch

„Man kann sich nicht die Zähne putzen, wenn man das Vorspiel von ‚Parsifal‘ hört.“

Pierre Boulez

Die Vorgänger kennen

Mach es wie die Erfolgreichen: Geh zu den Quellen. Schau Dich um, was die Vorgänger und Meister geschaffen haben. Nichts entsteht aus dem Nichts, alles aus dem Alten.

Kreative wissen, dass großes Talent und Fleiß umso mehr gedeihen, je besser sie Erfindungen, Ideen, Experimente und Unternehmen, Gedanken und Errungenschaften kennen, die den Weg bereitet haben. Die Botschaft lautet: Du musst in Deiner Kreativität nicht allein aus Dir selbst schöpfen. Nutze Erkenntnisse, befrage die Geschichte und würdige die Wegbereiter.

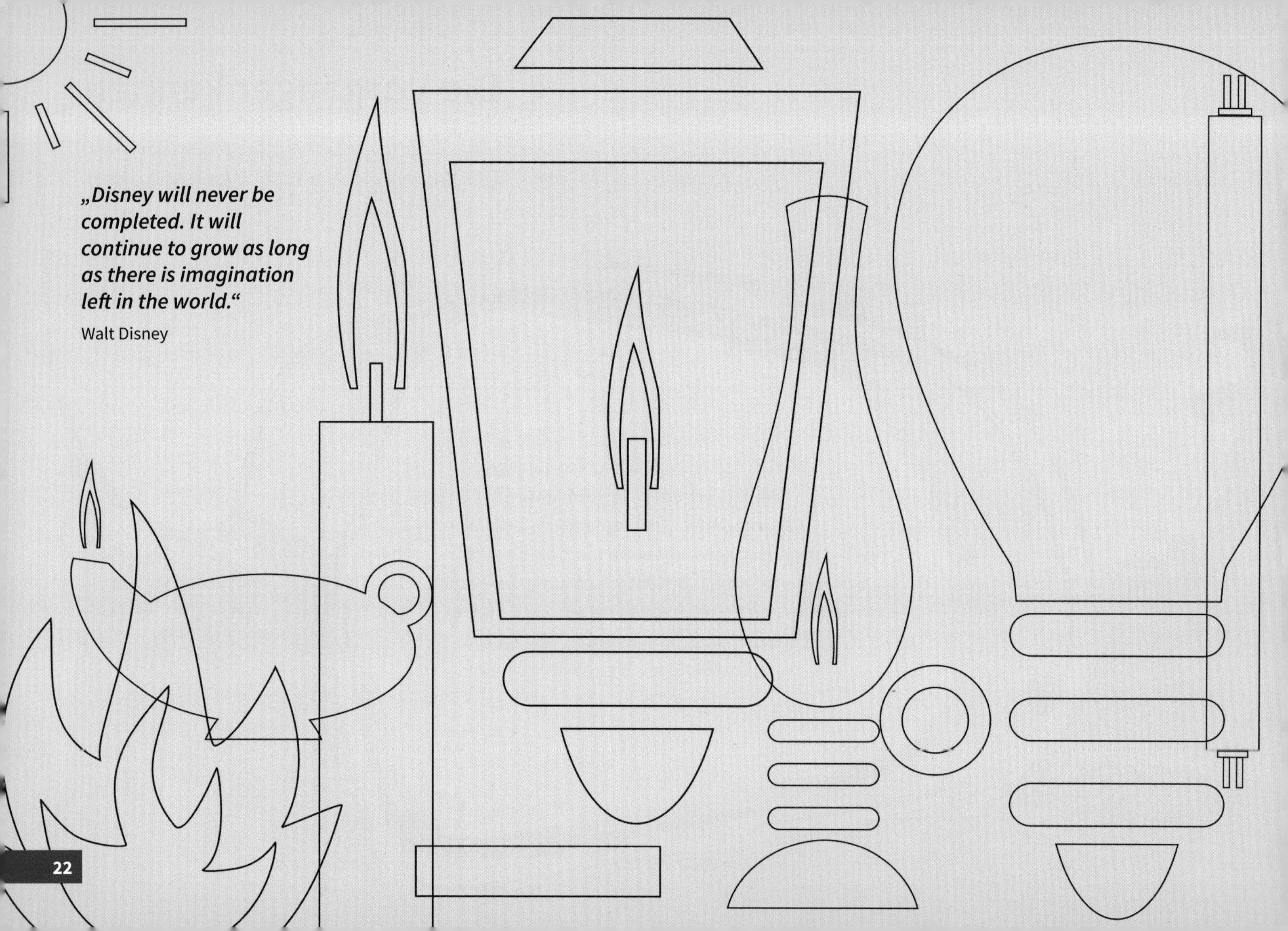

„Disney will never be completed. It will continue to grow as long as there is imagination left in the world."

Walt Disney

Unendliche Innovation

Innovation ist ein unabschließbarer Prozess. Alles, was uns heute vertraut ist, war einmal neu, vielleicht sogar revolutionär. Aber die nächste Revolution ist schon am Start. Bist Du es auch?

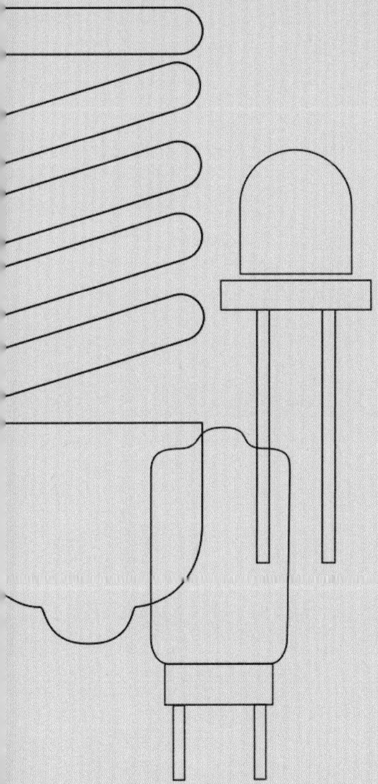

Illumination beschreibt das innere Leuchten, wenn man etwas Neues erfunden oder erschaffen hat. Wie vor Tausenden von Jahren, als der Mensch das Feuer nutzte und sich unabhängiger von der Umwelt machte. Wahrscheinlich entdeckte sehr rasch jemand, dass Talg brennt. Dieser Mensch machte den Schritt hin zur Öllampe. 40.000 Jahre schätzt man, liegt das zurück. Vor ungefähr 5.000 Jahren wurden dann Kerzen erfunden. Und dann dauerte es ein Weile. Gaslampen wurden 1684 entdeckt, doch es brauchte weitere 100 Jahre, bis sie in den Niederlanden erstmals Straßen erleuchteten. Petroleumlampen machten das Licht mobiler als die Kerze. Sie verbreiteten sich im 19. Jahrhundert. Und dann folgten die Glühbirne, die Leuchtstoffröhre und die kleine, leuchtstarke Halogenlampe rasch aufeinander. Die Sonne konnte untergehen, doch der Tag konnte beliebig verlängert werden. Die Energiesparlampe wurde schnell von der noch sparsameren LED überholt.
Jede dieser Erfindungen war immer nur der Vorläufer der nächsten Erfindung. Jede ist heute noch im Gebrauch. Das Leuchten des Neuen wird immer auch vom Schatten der Vergänglichkeit begleitet. Innovation endet nie. In jedem Bereich erstrahlt das Kreative nur vorübergehend. Das Neue kommt gewiss. Willst Du dabei sein?

Literaturtipps

Einige flott lesbare Bücher, die einen Einstieg zum Thema Kreativität geben:

Eagleman, D./Brandt, A. (2018). Kreativität: Wie unser Denken die Welt immer wieder neu erschafft, Siedler.

Kast, B. (2016). Und plötzlich macht es KLICK! Das Handwerk der Kreativität oder wie die guten Ideen in den Kopf kommen. Fischer.

Perkins, D. (2001). Geistesblitze. Innovatives Denken lernen mit Archimedes, Einstein & Co. Campus.

Seelig, T. (2015). inGenius. A Crash Course in Creativity. HarperCollins.

Zwei wissenschaftliche Bücher zum Thema, die einen vollständigen Überblick geben (aus Sternberg/Lubart stammt die Definition der Kreativität, von der hier ausgegangen wird):

Sawyer, K. (2012). Explaining Creativity. The Science of Human Innovation. Oxford University Press.

Sternberg, R. J./Lubart, T. I. (1995). Defying the crowd. Simple Solutions to the Most Common Relationship Problems. The Free Press.

Eine kritische Sicht darauf, wie wichtig historische Vorläufer für geniale Leistungen sind, findet sich in:

Weisberg, R. W. (1989). Kreativität und Begabung. Was wir mit Mozart, Einstein und Picasso gemeinsam haben. Spektrum der Wissenschaft.

Ein Buch, in dem die Unterschiede der Kreativität auf verschiedenen Feldern wie Wirtschaft, Kunst, Musik, Architektur, Wissenschaft, Technologie herausgearbeitet werden, ist:

Piirto, J. (2004). Understanding Creativity. Great Potential Press.

Die folgenden beiden Bücher geben einen Einblick, wie Innovationen sich historisch entwickelten, gegenseitig bedingten und einander ablösten:

Johnson, S. (2016). Die Erfindung der Zukunft. Sechs Innovationen, die die Welt veränderten. Springer.

Johnson, S. (2017). Wo gute Ideen herkommen - Eine kurze Geschichte der Innovation. Anaconda.

Kreation, Innovation und Change im Vergleich

„Creativity involves breaking out of established patterns in order to look at things in a different way."

Edward de Bono

	Kreation	Innovation	Change
Ziel	Schöpfung	Produkt/Prozess/ Service	Struktur/Menschen/ Technologie
Motivation	Innerer Antrieb	Äußerer Auftrag/ Innerer Antrieb	Äußerer Auftrag
Kontrollinstanz	Selbsturteil	Selbst-/Fremdurteil	Fremdurteil
Kreativ-Fokus	Originalität	Vermarktbare Idee	Effektive Strategie
Erfolgskriterium	Originalität/Zufriedenheit/ Adaptabilität	Originalität/ Profitabilität	Strategieumsetzung
Risiko	Scham	Verlust: Finanzen	Verlust: Vertrauen
Investition	Zeit	Finanzen/Zeit	Vertrauen/Zeit
Prozess	Zieloffen	Halboffen	Definiertes Ziel

Kreation, Innovation, Change

Kreativität, Innovation und Change sind zwar nicht identisch, aber sie haben alle auf ihre Art mit der Schöpfung des Neuen zu tun und können sich gegenseitig stimulieren.

Bei Innovation, Kreation und Change geht es stets um das Neue, das Kreative. Die Tools in diesem Buch können auf alle drei Bereiche übertragen werden. Aber diese Übertragung sollte in dem Wissen geschehen, wo spezifische Anforderungen berücksichtigt werden müssen. Die Tabelle gibt Dir dazu konkrete Hinweise.

Im besten Fall erkennen Kreative, dass sie durch minimale Anpassungen schöpferische Prozesse auch auf das Berufsleben übertragen können. Innovatoren – insbesondere solche mit technischem Hintergrund – bekommen vielleicht Lust, durch kreativere Zugänge effektiver zu verwertbaren Lösungen zu kommen. Und Change-Agents werden idealerweise mutiger, Mainstream-Schablonen beiseite zu legen, und lebendigere Change-Architekturen zu entwerfen

„I apply the term ‚creativity' broadly … it´s problem solving. We are all faced with problems, and we have to address them and think of something new, and that´s where creativity comes in."
Ed Catmull

FINALLY, SOME ATTENTION!

„Stets findet Überraschung statt. Da, wo man's nicht erwartet hat."
Wilhelm Busch

Was Du tust, steht im Spannungsfeld der Erwartungen: Deiner eigenen, der Erwartungen der Kritiker, der Kunden und der Kollegen. Welche willst Du erfüllen?
Entscheide Dich, welche Erwartungen in Deinem kreativen Prozess für Dich im Vordergrund stehen. Herzlichen Glückwunsch, wenn es Dir gelingt, sowohl Deine eigenen Erwartungen als auch die der Kritiker, des Marktes und Deiner Community zu erfüllen. Realistischer ist wohl, dass Du auf der einen oder anderen Seite Abstriche machen musst. Je früher Du Dich mit der Frage auseinandersetzt und Deine Prioritäten klärst, desto mehr Enttäuschungen ersparst Du Dir. Es ist am Ende immer noch großartig, wenn mehr Erwartungen erfüllt wurden, als Du absehen konntest.
Mit geklärten Erwartungen kannst Du den gesamten kreativen Prozess effektiv ausrichten.

Kreative, Kunden, Kritiker und Kollegen

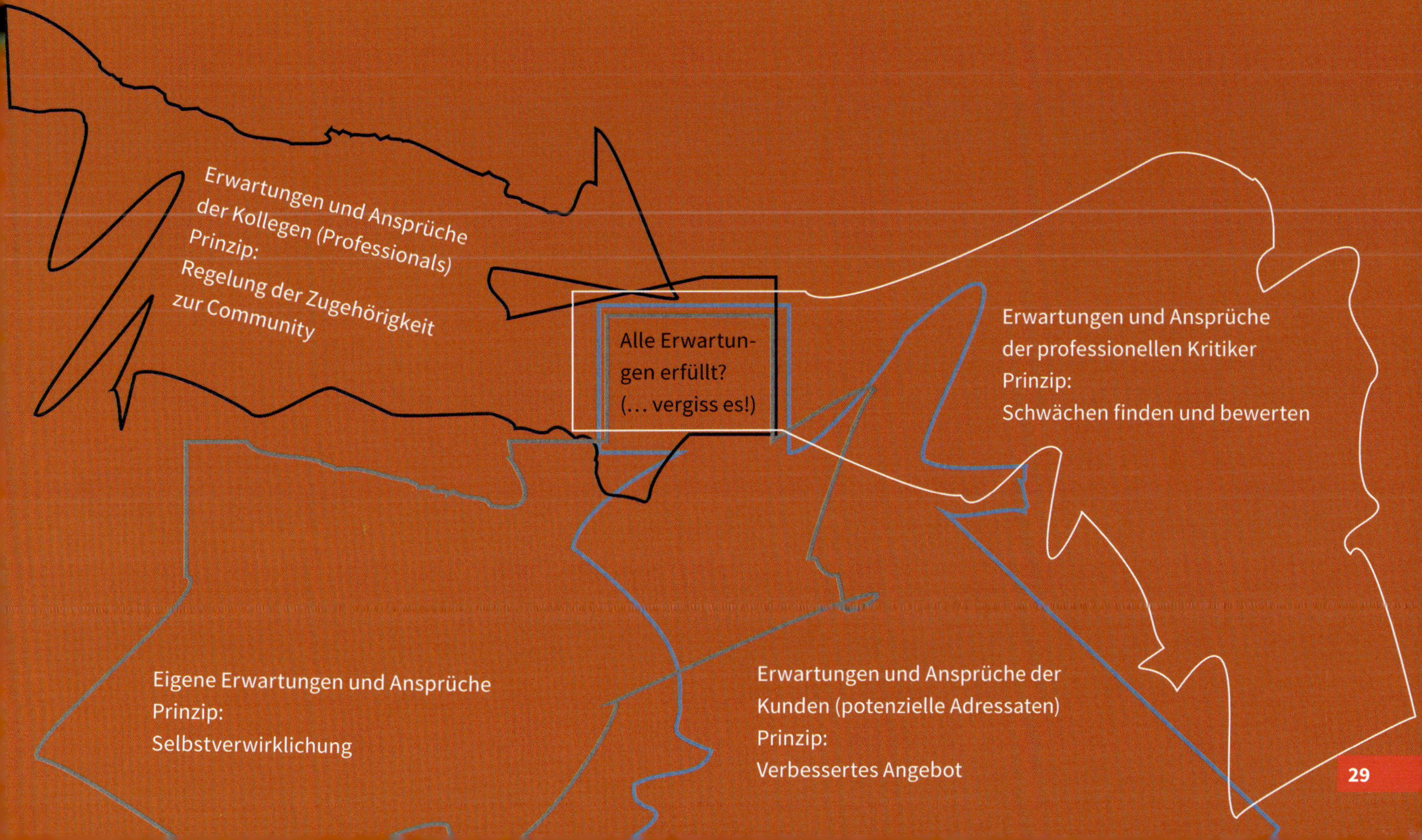

Kreativität muss sein! Für manch einen ist das ein innerer Ruf. Für andere kommt der Antrieb durch äußere Aufgaben, Aufträge oder Problemstellungen. Unabhängig davon stellt sich die Frage, ob dieser kreative Auftrag die Verwirklichung persönlicher Interessen zum Ziel hat oder ob es eher um Profit und/oder das Generieren von Nutzen geht. Je nach Kombination der Faktoren entstehen ganz unterschiedliche Handlungsbedingungen.

Handelst Du aus innerem Antrieb und ganz im Sinne der Selbstverwirklichung, dann willst Du Grenzen verschieben, Neuland entdecken, oder andere inspirieren. Dies ist eine Bedingung maximaler Freiheit, weil die Einträglichkeit keine Priorität hat. Als professioneller Kreativer wird das schwer zu verwirklichen sein, weil der Broterwerb Dich zwingt, Profit zu erwirtschaften, was nur mit Blick auf die Ansprüche des Marktes gelingt.

Als Innovator bist Du daran interessiert, Nutzen zu stiften und Profit zu generieren. Selbstverwirklichung muss dabei im Zweifelsfall geopfert werden, wenn sie nicht mit den Marktinteressen vereinbar ist – das klingt theoretisch leichter, als es in der Praxis ist. In Change-Prozessen kommt der Auftrag zum kreativen Wandel in der Regel von Vorgesetzten, also nicht von den Betroffenen, und er triggert keine Verwirklichungsinteressen, sondern verfolgt die Profitinteressen der Auftraggeber. Das erklärt, warum die Erfolgsaussichten bei Change-Projekten deutlich geringer sind als bei Innovation und Kreation. In dieser Rolle ist also besonders hohes Kreativpotenzial gefordert, um innere Antriebe und Verwirklichungsinteressen zu aktivieren, also Betroffene zu Beteiligten zu machen.

Ziele und Antriebe

„Art is an adventure into an unknown world, which can be explored only by those willing to take risks.“

Mark Rothko

Was willst Du erreichen und was treibt Dich an?

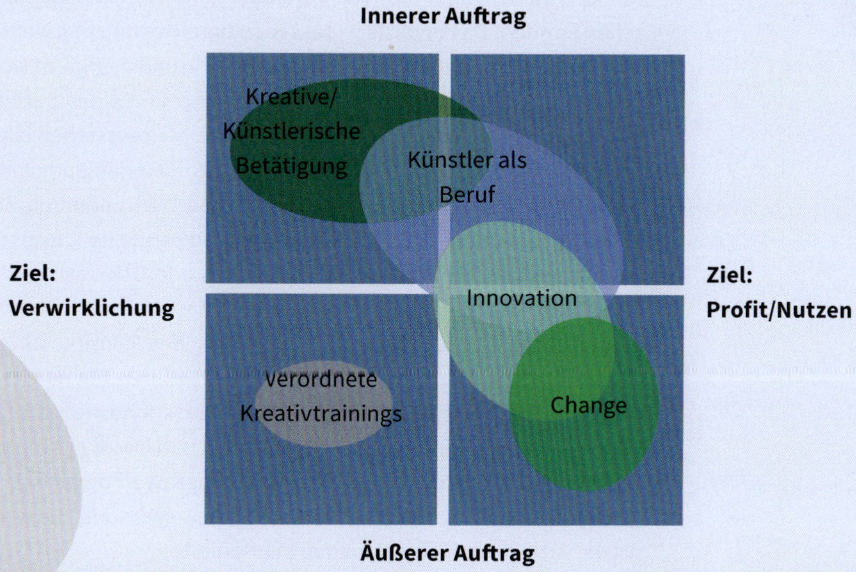

„All decisive advances in the history of scientific thought can be described in terms of mental cross-fertilization between different disciplines.“

Arthur Koestler

Um kreativ zu sein, muss man Verbindungen herstellen, die andere nicht sehen können. Das impliziert, dass man Bereiche miteinander kombiniert oder in Zusammenhang bringt, die vordergründig separat voneinander existieren. Indem Picasso einen Fahrradlenker und einen Sattel neu kombiniert und daraus die Skulptur eines Stierkopfes entstehen lässt, führt er das Prinzip exemplarisch vor: Eine ausgiebige Beschäftigung mit dem Stier als Bildmotiv schaffte die Basis, dass seine Wahrnehmung Zusammenhänge erkennen konnte, die vor ihm niemand herstellte. Dieses Grundprinzip findet man überall: Das Neue, Kreative und Überraschende entsteht an der Schnittstelle, an der einander Fremdes zusammenkommt. Picasso mag als Beispiel dienen für die Anwendung des Prinzips durch Kreative. Johannes Gutenberg, der eine Weinpresse auf den Buchdruck übertrug, steht exemplarisch für eine Anwendung eines Innovators. Und auch im Change-Management gibt es Beispiele: Harrison Owen erkannte, dass veränderungswirksame Interaktionen auf Kongressen besonders in Pausen gelingen. Er kreierte Open Space, eine Change-Methode, die das Verständnis der Arbeit mit Großgruppen revolutionierte.

Blending

Blending, Crossover, Sampling – Kreatives gedeiht bevorzugt an der Schnittstelle getrennter Bereiche. Sie zu finden und zusammenzubringen, ist ein Grundprinzip kreativen Schaffens.

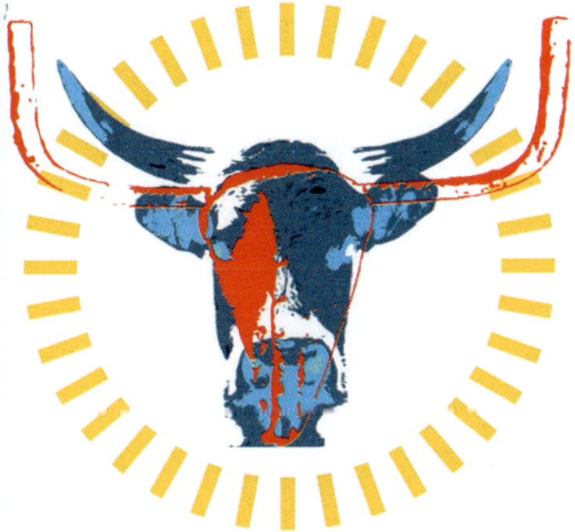

Blending, das „Vermischen des Verschiedenen", kann sich auf so verschiedene Aspekte wie Prozesse, Techniken, Bereiche, Materialien, Ideen/Konzepte, Kulturen, Stile, Formen etc. beziehen. So entstehen neue künstlerische Ausdrucksformen durch Kombination von bekannten und neuen Techniken. Kreativere Ideen und frischere Einfälle keimen in heterogenen, hierarchieübergreifenden Gruppen und in multikulturellen Settings. Neue Produkte entstehen aus ungewöhnlichen Materialkombinationen und spannende Film- und Buchplots durch das Blending von Genres. Suche also gezielt die Begegnung mit dem Andersartigen, um die Schnittstellen zu generieren, in denen Blending entstehen kann.
Was brauchst Du, um Blending anwenden zu können?

- Profundes Wissen in mindestens einem Bereich ist wichtig, um Zusammenhänge sehen und übertragen zu können.
- Offenheit und Neugier für das Fremde (Bereiche, Themen, Stile etc.) ist notwendig, um überhaupt Schnittstellen zu kreieren.
- Vielfalt an Input erhöht die Wahrscheinlichkeit, dass Du Muster oder Prinzipien findest, die Du nutzen kannst.

Literaturtipps

Die Blending-Idee wird unter jeweils anderer Begriffsverwendung in folgenden beiden Büchern als zentrales Konzept behandelt:

Nielsen, D./Thurber S. (2018). Die Kunst des kreativen Denkens. Assoziation, Inspiration, Idee. Laurence King Verlag.

Johansson, F. (2018). Der Medici-Effekt: Wie Innovation entsteht. Plassen.

Du und das Kreative

„Many highly intelligent people are poor thinkers. Many people of average intelligence are skilled thinkers. The power of a car is separate from the way the car is driven.“

Edward de Bono

„I feel incredibly lucky to be at exactly the right place in Silicon Valley, at exactly the right time, historically, where this invention has taken form."
Steve Jobs

In der Wissenschaft besteht weitestgehend Konsens, dass das Zusammenspiel von Faktoren wie Intelligenz, Motivation, Denkstil, Wissen und ein förderliches Umfeld Kreativität bestimmen. Geniale Leistungen sind also das Ergebnis eines individuellen Cocktails.
In Bezug auf *Intelligenz* geht man davon aus, dass ab einem bestimmten Schwellenwert noch mehr Intelligenz keinen zusätzlichen Gewinn bringt. Deshalb sind die größten kreativen Leistungen auch nicht allein der Klasse der Superintelligenten vorbehalten.
Effektive Denkstile sind elementar und im Gegensatz zur Intelligenz trainierbar. Sie nutzen die Fähigkeit des Gehirns, ungewöhnliche Verbindungen herzustellen. Logik ist für das korrekte Lösen von Aufgaben notwendig, aber originelle Sichtweisen bedingen assoziative Denkstrategien.
Eine hohe *Motivation* gibt die notwendige Energie, durchzuhalten und weiterzumachen, wenn man auf seinem Weg strauchelt und auch noch mit Unverständnis, Kritik oder Ablehnung umgehen muss.
Eine profunde *Wissensbasis*, was Fachkenntnisse und handwerkliche Fertigkeiten einschließt, ist notwendig, um auf erforderliche Informationen zurückgreifen zu können und urteilen zu können.
Und als äußerer Faktor wirkt das Umfeld. Es bestimmt, wie die persönlichen Faktoren sich entfalten. Das *Umfeld* kann ganz eng als die räumliche Umgebung gefasst werden und im weiteren Sinne als das soziale Umfeld, das kreatives Wachstum fördert.

Persönlichkeit und Kreativität

Die Forschung hat die Frage, was die kreative Persönlichkeit ausmacht, erst relativ spät untersucht. Die Antworten weisen darauf hin, dass es ein Zusammenspiel verschiedener Faktoren ist.

Vielleicht ist der *Zufall* – das Glück, zur rechten Zeit am rechten Ort zu sein – am Ende entscheidender als alle anderen hier aufgeführten Faktoren. Das wird selten thematisiert, würde es doch die Bewertung kreativer Leistungen und ihrer Schöpfer erheblich relativieren.

„Je weniger ein Mensch vom Erfolg abhängt, desto unwahrscheinlicher wird sein Sturz.“
Reinhold Messner

Kreativ wird man nicht ohne inneren Antrieb. Es ist einfacher, alles so zu belassen, wie es ist. Wieso solltest Du Dir die Mühe machen, Dinge infrage zu stellen? Irgendwie funktioniert es doch bisher auch, oder? Wieso willst Du auffallen oder Dich der Kritik aussetzen? Du weißt, dass das der Fall sein wird, wenn Du Dich auf den kreativen Weg begibst.
Es gibt einen Grund. Aber was Dich antreibt, gilt nicht unbedingt für andere. Steh zu Dir und zu Deinen Motiven. Sie sind der Kick-off für das, was Du gerade machst oder machen willst. Sie bleiben die Quelle, an der Du Dich stärkst, sobald Du in ein Tief kommst. Sie geben Dir Orientierung, wenn Du entscheiden musst, worauf es Dir wirklich ankommt.

Treibt Dich an, etwas Großes zu schaffen und unsterblich zu werden?

Willst Du Meisterschaft über ein Thema erlangen?

Was motiviert Dich?

Jeder Mensch ist auf seine Weise angetrieben, zu tun, was er tut. Sich dem Risiko kreativen Schaffens auszusetzen, braucht Kraft und Klarheit, wozu man es tut. Etwas Introspektion hilft dabei.

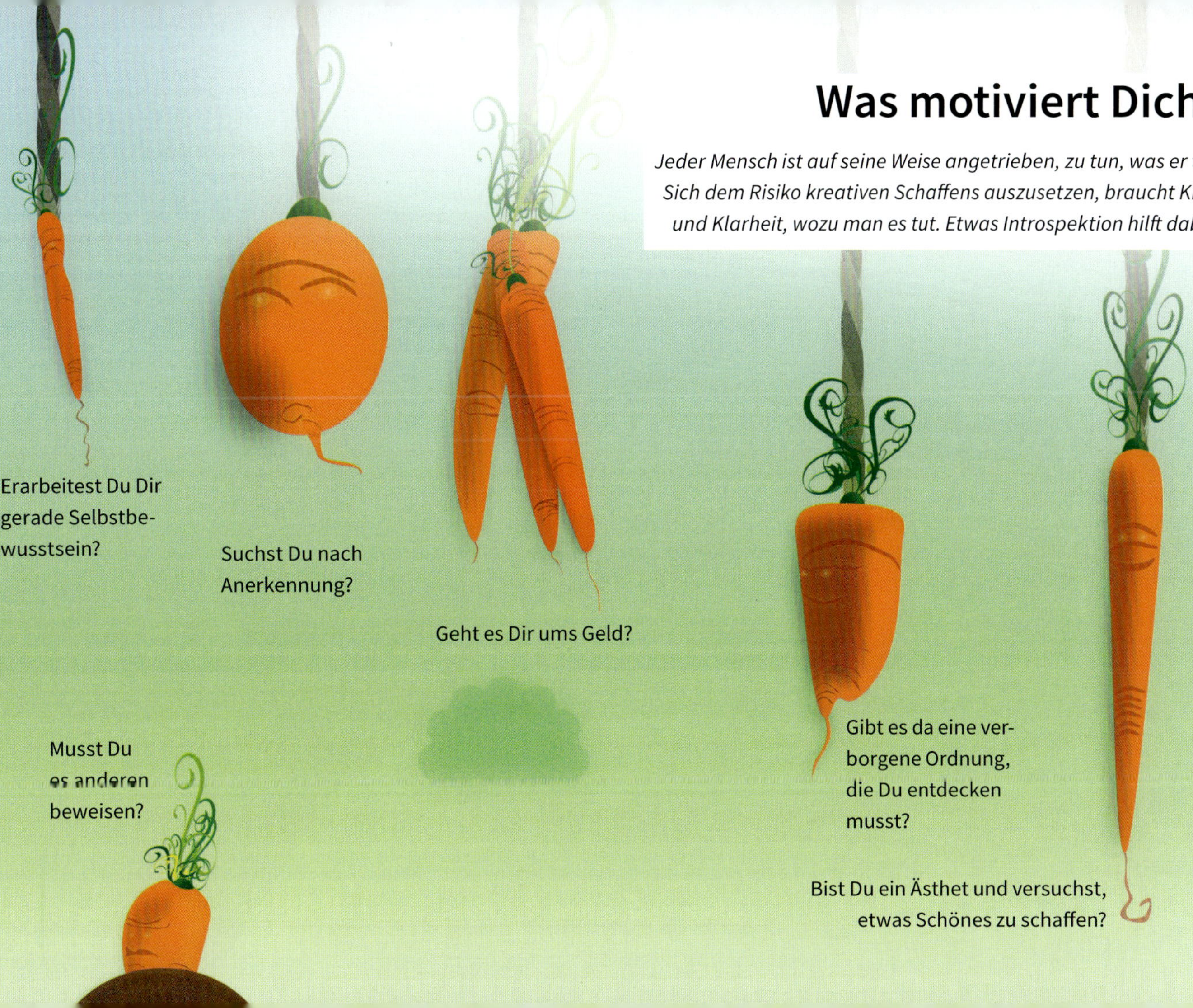

Erarbeitest Du Dir gerade Selbstbewusstsein?

Suchst Du nach Anerkennung?

Geht es Dir ums Geld?

Musst Du es anderen beweisen?

Gibt es da eine verborgene Ordnung, die Du entdecken musst?

Bist Du ein Ästhet und versuchst, etwas Schönes zu schaffen?

„Nearly every man who develops an idea works it up to the point where it looks impossible, and then he gets discouraged. That's not the place to become discouraged.“

Thomas Alva Edison

Wertvorstellungen, Denkmuster und Verhaltensgewohnheiten geraten im kreativen Prozess ins Wanken. Irgendwie passen sie nicht mehr und erzeugen irritierende Gefühle. Die Menschen in Deinem Umfeld sind herausgefordert und verstärken Deine Zweifel. Vielleicht kommen auch finanzielle Risiken hinzu, die Dein Verantwortungsgefühl herausfordern. Manche Risiken kannst Du absichern, andere sind unvorhersehbar. Wenn sie auftreten, kannst Du Dich daran erinnern, dass sie normal sind. Und es ist unwahrscheinlich, dass Du ganz unbeschadet durch den Prozess gehst, wenn Du etwas wirklich Bewegendes kreierst.

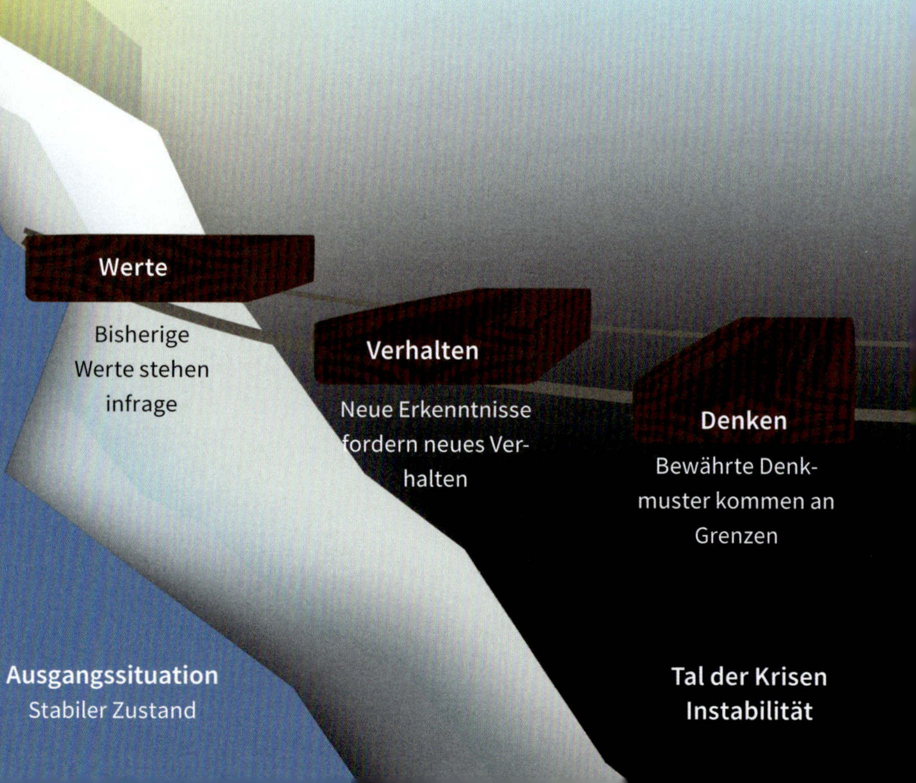

Tal der Krisen

Wenn Du Dich in anspruchsvollen kreativen Prozessen auf neues Terrain begibst, sind Höhenangst und schwankender Grund sehr wahrscheinlich. Setze Dich damit auseinander.

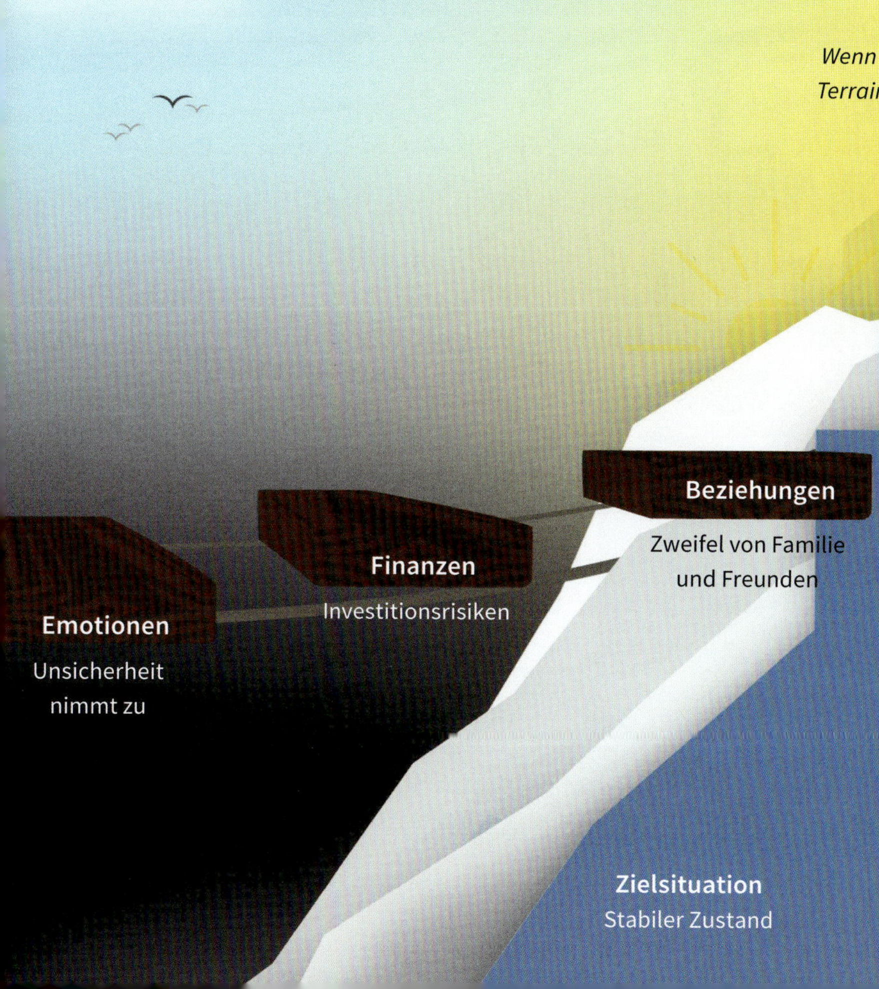

Picasso zeigte sein Bild „Les Demoiselles d´Avignon" nach langen Vorbereitungen 1907 erstmals einigen ausgewählten Freunden, die kritisch reagierten. Es stand abgewandt in seinem Atelier, bis es erstmals 1916 ausgestellt wurde. Aber erst ab 1939 erreichte es zunehmend die internationale Bedeutung, die es heute hat. Die Aufhebung der Perspektive und die von afrikanischen Masken beeinflusste Reduktion auf geometrische Grundformen revolutionierten das Bildverständnis und es gilt als eines der einflussreichsten Gemälde der Moderne. Über 30 Jahre von der Entstehung bis zur Akzeptanz verdeutlichen exemplarisch, dass das Neue erst Widerstände überwinden muss, bis es akzeptiert und im besten Fall sogar gefeiert werden kann.

Picasso hat aus gutem Grund gewartet, bis er sein revolutionäres Bild der Öffentlichkeit zeigte. So wie er musst auch Du Dich innerlich mit Unsicherheiten auseinandersetzen, die ein kreativer Höhenflug auslöst, und auf das eigene Schwanken vorbereitet sein, wenn Du sicheren Grund verlässt.

Stille vs. akustische Stimulanz

Wann versetzt Dich Stille in die beste innere Haltung und wann benötigst Du Musik, Stimmen, Radio oder andere akustische Stimulation, um in den Flow zu kommen?

Reizarmut vs. Reizvielfalt

Wann ist eine aufgeräumte, reizarme Umgebung unterstützend, um Dich bei der anstehenden Aufgabe konzentriert zu halten? Wann brauchst Du eine angereicherte Umgebung, in der Ideenzugriff und Materialien ein willkommener Einfluss sind?

Raumkonstanz vs. Ortswechsel

Wann ist es dienlicher, einen eindeutigen Raum für die Arbeit festzulegen, der Dich mit dem Eintritt sofort in das kreative Mindset hüllt? Wann ist es für Dich wichtig, Räume oder Orte zu variieren, um verschiedene Qualitäten der Räume nutzen zu können?

„Architecture is how the person places herself in the space. Fashion is about how you place the object on the person.“

Zaha Hadid

Der kreative Raum

Gestalte den Raum, in dem Dein Denken und Handeln sich frei entfalten kann. Ateliers, Forschungs-Labs und Innovationsräume sind Vorbilder. Sie schaffen ein Klima für offenes Denken.

Isolation vs. sozialer Austausch

Wann bevorzugst Du es, Dich zurückzuziehen und abzuschirmen? Wann ist es wichtig für Dich, Menschen um Dich zu haben, um Begegnungen und Austausch zu ermöglichen?

„Bewusstsein ist das Ergebnis eines umfassenden Aussortierens von Informationen und seine Genialität beruht nicht auf der Information, die es enthält, sondern auf der, die es nicht enthält", schreibt der Wissenschaftsautor Tor Nørretranders. Aussortiert heißt nicht „verloren". Wesentliche Informationen lagern irgendwo im Nebulösen des Unterbewusstseins.
Sogenannte Priming-Experimente haben bewiesen, dass sowohl die unbewusste als auch bewusste Beschäftigung mit Informationen *unbewusste* Wirkung auf das Denken und Verhalten haben. Das bedeutet konkret, dass all das, womit Du Dich beschäftigst und was Dir widerfährt, eine Spur hinterlässt. Nutze das beim kreativen Handeln. Denkprozesse, die außerhalb Deiner bewussten Wahrnehmung arbeiten, können zu Deinem mächtigsten Partner werden. Das gelingt, wenn Du Dich leidenschaftlich für ein Thema engagierst, Dich intensiv, anhaltend und auf sinnlich vielfältige Weise bewusst damit auseinandersetzt und eine nagende Frage bearbeitest (siehe S. 104). Wir wissen nicht wie, aber wir wissen, dass das Unterbewusstsein daraus einen direkten Auftrag ableitet, jene Informationen im Hintergrund zu sortieren, zu verarbeiten, zu rekombinieren, zu synthetisieren. In vorhersehbaren Momenten treten die Ergebnisse in das Bewusstsein (siehe S. 105). Vertraue darauf: Das Unterbewusstsein macht freiwillig Überstunden. Versorge es mit hochwertigem Input, um kreativen Output zu erhalten.

Unbewusste Prozesse

Unterbewusste Prozesse sind die mächtigste Assistenz im kreativen Denken. Intensiver bewusster Beschäftigung folgt parallel eine intensive unbewusste Verarbeitung.

„Ach, wie oft seh ich große Kunst gut Ding im Schlaf, desgleichen mir wachend nit fürkommt!“

Albrecht Dürer

Welche Quadranten beachtest Du ohnehin und worauf solltest Du mehr Aufmerksamkeit richten?

Input

	Alt	Neu
Input	**Repetition** hält Wissen wach	**Investigation** erweitert Wissensbasis
Workout	**Drill** vertieft Kompetenzen	**Erprobung** erweitert Praxiserfahrung

Workout

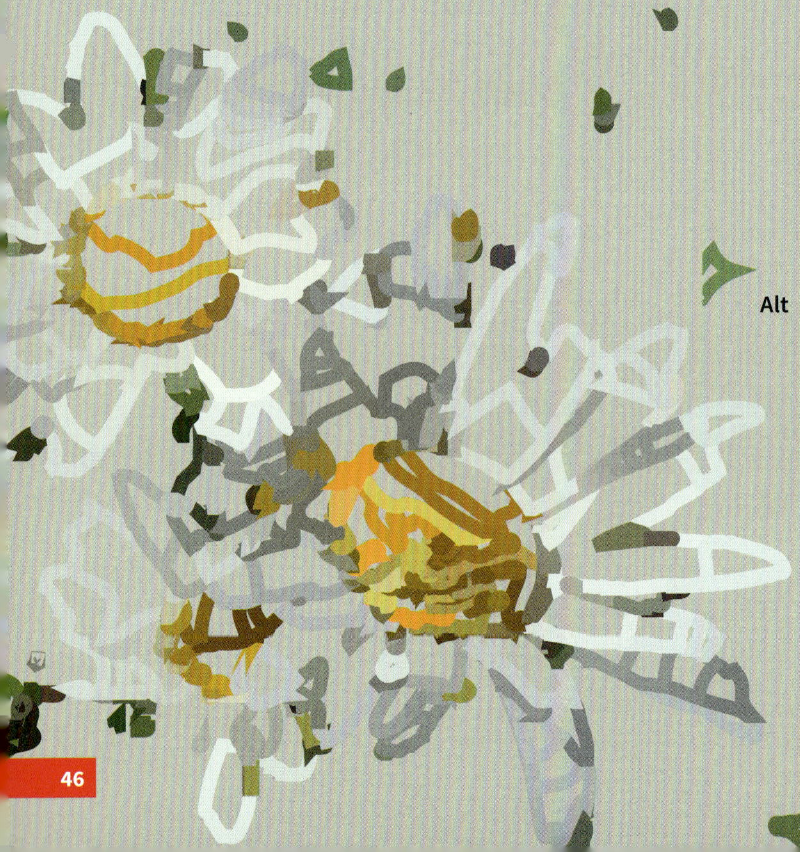

„The mind is a crazy thing.
To be focused is the most difficult thing."

Marina Abramovic

Denken und Handeln koordinieren

Denken und Handeln müssen im kreativen Prozess gut koordiniert werden, wenn Du exzellente Ergebnisse erzielen willst. Durch stetigen Wechsel der Modi bleibst Du im Fluss.

Folgende vier Verhaltensweisen haben ganz unterschiedliche qualitative Effekte, die alle auf besondere Weise auf Deine kreative Arbeit einzahlen:
Repetition, die Beschäftigung mit erworbenem Fachwissen und Handlungskompetenzen, hält Deine Wissensbasis abrufbereit. Repetition erhöht die Abrufgeschwindigkeit und Präzision des Abrufs.
Bei der *Investigation* fütterst Du Dein Gehirn mit neuen Inhalten. Dadurch baust Du Deine Wissensbasis aus, was vielfältigere Assoziationen möglich macht.
Erprobung bedeutet, dass Du etwas Neues praktisch ausprobierst. Nur der Praxistest zeigt Dir, ob das, was Du Dir ausdenkst, auch wirklich funktioniert.
Drill ist die Wiederholung von Tätigkeiten. Handlungswiederholung stellt sicher, dass die Umsetzung Deiner Ideen bei Bedarf so gelingt, wie Du sie Dir im Kopf ausgemalt hast.

Kommt eine der Tätigkeiten zu kurz, leidet die kreative Arbeit auf vorhersehbare Weise: Zu wenig Repetition bewirkt Vergessen. Zu wenig Investigation beschränkt Deinen verfügbaren Wissens- oder Ideenumfang. Bei zu wenig Erprobung entwickelst Du kein Gefühl für die Umsetzungsunterschiede zwischen Ideen und Produkten. Zu wenig Drill vermindert die Ausbildung von Routinen zur flotten Ideen-Realisierung.

Das Neue kann nur entstehen, wenn starke Emotionen im Spiel sind, denn sie motivieren zum Handeln. Ein kleiner Lifehack braucht keine große Energiereserve, aber um mächtige Kreativprojekte durchzuführen, musst Du starke Emotionen generieren.
Ein Check des Emotionslevels erlaubt deshalb recht gute Prognosen, ob kreative Initiativen überleben. Egal ob es um Silvestervorsätze geht, um das Innovationsprojekt, das ein Mitarbeiter vorschlägt oder eine frisch aufgelegte Change-Initiative des Managements.
Wie viel Emotion drinstecken muss, hängt von dem zu erwartenden Widerstand gegen das Neue ab. Neben den eigenen Beharrungskräften sind ja auch noch die Kritiker mit ins Kalkül zu ziehen, die Einwände und Bedenken äußern, sowie die Vehemenz, mit der sie es tun.
Starke Emotionen sind keine hinreichende Voraussetzung für Kreativität, aber sie sind eine notwendige Voraussetzung für ihren Umsetzungserfolg. Prüfe Deinen emotionalen Puls: Ist ausreichend Leidenschaft im Spiel? Wo und bei wem kannst Du nachtanken, wenn es notwendig wird? Ob es Hoffnung, Vision und Liebe sind, die Dich antreiben, oder innerer Aufruhr, Wut, Ärger und tiefe Frustration, ist für das kreative Potenzial bedeutungslos. Da ist keine Moral im Spiel. Kreativität gebärt auch schreckliche und grausame Dinge. Ersparen wir uns, darauf einzugehen. Aber für manchen ist die Frustration der viel größere Antrieb, das Neue entstehen zu lassen.

Starke Emotionen

Deine Leidenschaft bestimmt den Pegel, mit dem Du in Dein kreatives Projekt gehst. Mehr Ladung, mehr Energie, mehr Commitment, mehr Tiefe und mehr Risiko.

***„I don't think anyone does anything from happiness.
Happiness is such a good state, it doesn't need to be creative.
You're not creative from happiness, you're just happy.
You're creative when you're miserable and
depressed. You find the key to transform things.
Happiness does not need to transform."***

Marina Abramovic

„A reliable way to make people believe in falsehoods is frequent repetition, because familiarity is not easily distinguished from truth.“

Daniel Kahneman

Tief verankerte Grundannahmen über Kreativität sind wahrscheinlich der einflussreichste Teil des Mindsets. Sie sind kulturell geprägt und sozial vermittelt. Als Albrecht Dürer in der Renaissance erstmalig ein Bild signierte, prägte er von dort an die Vorstellung, dass das Individuum als Schöpfer gilt. In der Romantik wurde die Vorstellung des Künstlers als Abbild Gottes mit dem Geniebegriff belegt und von da an breitete sich die Vorstellung von Individuum und Genie über die Wissenschaft auf andere Gebiete aus. Wenn Du heute Kreativität und Kunst in Zusammenhang bringst, geht das also auf sozial und kulturell vermittelte und en passant erlernte Konzepte zurück. Diese Vorstellungen sind mächtig, denn wenn Du denkst, dass kreative Lösungen von Genies kommen, und Du Dich dazu zählst, verhält Du Dich anders, als wenn Du das nicht tust. Der entscheidende Punkt ist, dass das kulturelle Genie-Ding in Deinem Kopf umherspukt und Dein Denken bestimmt, und das wiederum Dein Handeln beeinflusst. Aber wieso Genie? Ist Kreativität allein Genies vorbehalten? Wie viel am Genie ist eigentlich Legende und wie viel beruht auf harter Arbeit und dem Glauben an sich selbst?

Glaubensfragen

Tief verankerte Annahmen, die man über Kreativität hat, prägen in fundamentaler Weise Bewertungen und eigenes Handeln. Fördern oder hemmen Deine Annahmen Deine Entfaltung?

Geniemythos
Man muss kein Genie sein, um besonders kreativ zu sein. Mindset, Motivation, klare Ziele und Fleiß tun es auch.

Neuerfindung
Es ist Unsinn, alles neu erfinden zu wollen. Sei neugierig, schau, was da ist, kombiniere neu, lache – und kombiniere wieder neu.

Universalgenie
Seit dem Universalgenie Leonardo da Vinci wuchs das Wissen weitere 500 Jahre lang an. Wie wäre es, die Ansprüche auf ein realistisches Niveau zu senken?

Jahrhundertwerke
Nobelpreisträger googeln, Namen überfliegen. Wen kennst Du? Bilder, Songs, neue Produkte, Change: Alles vergeht. Mach es für jetzt!

Einsames Genie
Alleine kreativ zu arbeiten, ist in einer globalen, hochvernetzten Echtzeit-Welt voller Nischenexperten eine selbst auferlegte Einschränkung. Bring das Wissen zusammen.

Erfolgsgarant
Bist Du erfolgreich, dann diagnostiziert jemand Dein Kreativ-Gen. Nicht umgekehrt. Erfolg geht ohne Kreativität vermutlich schneller.

Sympathieturbo
Macht Kreativität sympathisch? Kreativität irritiert, verunsichert, beschämt – und ist eher nicht beliebt. Beneidet vielleicht. Geliebt wirst Du für etwas anderes.

„Menschliches Verhalten wird nicht von Bedingungen diktiert, die der Mensch antrifft, sondern von Entscheidungen, die er selber trifft." **Viktor Frankl**

In der grauen Masse fällt ein kleiner Unterschied auf.

Unter Gleichen verschwindet ein kleiner Unterschied.

Unter Exoten verblasst, was sich vorher abhob.

Kreativ ist relativ

Ob Du oder andere Dich für kreativ halten, hängt von dem Maßstab ab, der angelegt wird. Wenn Du wachsen willst, dann brauchst Du einen Kontext, der Dich fordert.

Der Oscar wird jährlich in Hollywood verliehen, er adelt neben vielen weiteren Kategorien den besten Film und die besten Hauptdarsteller. Es ist kaum anzunehmen, dass die Zahl der Filmproduktionen, aus denen die Oscar-Kandidaten ausgewählt werden, immer identisch ist. In Jahren mit starker Konkurrenz hat es auch eine herausragende Leistung schwer, zu reüssieren. In schwächeren Jahren hat auch eine mäßige Leistung Erfolgschancen. In der Statistik zählt am Ende nur die Auszeichnung. Offensichtlich ist kreative Leistung vom Kontext abhängig. Wenn Kreativität durch Kategorien wie *Originalität, Vielfalt, Menge* und *Brauchbarkeit* definiert wird, dann ist also auch relevant, wer außer Dir im Rennen ist. Sichte das Feld und kläre für Dich, ob es Deinen Ansprüchen entspricht:

- Wenn Du bescheidene Ansprüche hast, dann wird Dich ein ehrgeiziges Umfeld frustrieren.
- Wähle die passende Liga, wenn Du wachsen willst: Zu wenig kreativer Anspruch bremst Dich und zu hoher Anspruch frustriert Dich.
- Suche Dir herausfordernde Sparringspartner, wenn Du besser werden willst.
- Wenn andere Dich beurteilen, dann prüfe, ob *ihre* Urteilskriterien auch für *Dich* gelten.

Vielleicht kennst Du die Geschichte von dem jungen Elefanten, der in seinen ersten Jahren an einen Pflock gekettet wurde, damit er nicht flüchten kann. Eines Tages gibt der junge Elefant auf, an der Kette zu zerren, weil er gelernt hat, dass sein Bewegungsradius beschränkt ist. Von diesem Moment an entfernt er sich nicht mehr weiter vom Pflock, als es die Kette zulässt. Ob diese Kette vielleicht viel zu schwach ist, um den erwachsenen Elefanten zu halten, hat er später nie mehr ausprobiert.

Wer glaubt, dass er nicht kreativ ist, der erlaubt sich auch nicht, ungewöhnliche Denkwege zu beschreiten. Und er vermeidet folgerichtig Verhalten, dass er als kreativ bezeichnen würde. Und ebenso folgerichtig wird er auch nicht in Erwägung ziehen, dass das, was er produziert, kreativ sein könnte. Im Zirkelschluss verfestigt dieses Verhalten den Glaubenssatz, dass er nicht kreativ ist.

Um auszubrechen, musst Du lernen, den rosa Elefanten zu sehen, wo andere nur den grünen Elefanten sehen. Du musst einen neuen Blick entwickeln, also verlernen, was Dich daran hindert, kreativ zu sein. Probiere es aus: Fixiere das Kreuz im grünen Elefanten für eine Weile, und schaue anschließend auf ein weißes Papier. Merkst Du, was passiert? Kreativität zu aktivieren, bedeutet *Anfängergeist*, Mut zu haben, etwas auszuprobieren, Unsicherheit und Fehler zuzulassen und sich zu zeigen. Sprenge Deine imaginären Ketten. Warte nicht darauf, bis andere es Dir erlauben.

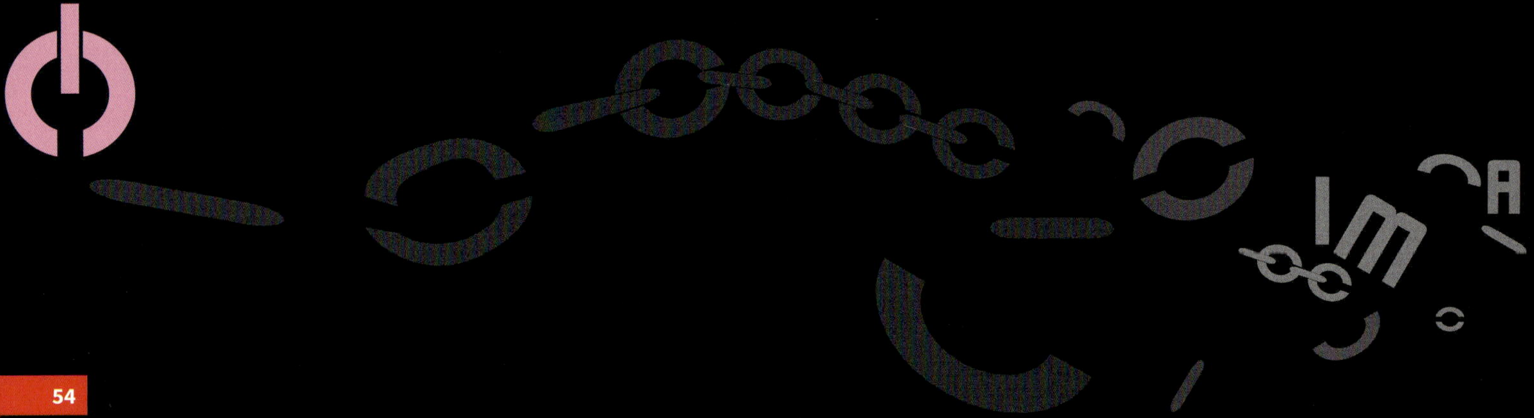

Kreativität neu lernen

Deine Vergangenheit offenbart, welche Vorstellungen von Kreativität Dich geprägt haben. Wenn Du nicht erfahren hast, welche Bereicherung Kreativität in Dein Leben bringt, wird es Zeit, das zu ändern.

„Your beliefs are cause maps that you impose on the world, after which you ‚see' what you have already imposed."

Karl Weick

Literaturtipps

Der Zusammenhang von Kreativität und Persönlichkeit sowie das verwendete Motivationsmodell nach R. Ochse (1990) ist in folgendem Buch dargestellt:

Sternberg, R. J./Lubart, T. I. (1995). Defying the crowd. Simple Solutions to the Most Common Relationship Problems. The Free Press.

Aus der Perspektive des Change-Management in Organisationen wird das „Tal der Krisen“ als klassischer Übergangsprozess ausführlich dargestellt in:

Bridges, W./Bridges, S. (2018). Managing Transitions: Erfolgreich durch Übergänge und Veränderungen führen. 4. Aufl. Vahlen.

Sehr konkrete Anregungen zur Gestaltung von Räumen zur Förderung von kreativer Zusammenarbeit finden sich in:

Doorley, S./Witthoft, S. (2012). Make Space: How to Set the Stage for Creative Collaboration, Wiley & Sons.

Zum Verhältnis von Bewusstsein und Unterbewusstsein:

Norretranders, T. (1997). Spüre die Welt. Die Wissenschaft des Bewußtseins. Rowohlt.

Neuere Forschungen zum Priming und zu unterbewussten Prozessen, flott und substanziell:

Bargh, J. (2018). Vor dem Denken: Wie das Unbewusste uns steuert. Droemer.

Außerdem: Dijsterhuis, A. (2010). Das kluge Unterbewusste. Klett-Cotta.

Im folgenden Buch findet sich eine erhellende kritische Auseinandersetzung mit all den Mythen der Kreativität:

Weisberg, R. W. (1989). Kreativität und Begabung. Was wir mit Mozart, Einstein und Picasso gemeinsam haben. Spektrum der Wissenschaft.

Die Übung mit dem grünen Elefanten stammt aus:

McKim, R. (1972). Experiences in Visual Thinking. Wadsworth Publishing.

Du im kreativen Prozess

„Studies have shown, that 90 % of error in thinking is due to error in perception. If you can change your perception, you can change your emotion and this can lead to new ideas.“

Edward de Bono

RISK

Den kreativen Prozess startest Du nicht mit einem Plan, sondern mit einer Zielpeilung und dem Mut, ein Risiko einzugehen. Das sollte kalkuliert und überschaubar bleiben, aber mach Dir keine Illusion, dass Du weißt, was geschehen wird und was am Ende herauskommt.

IMPROVISE

Improvisation ist treffender als der Begriff Handlung, wenn es darum geht, loszulegen und Dich auf das einzulassen, was sich im Prozess ergibt. Zeitweise kannst Du bewährte Methoden und Handlungsprogramme nutzen, aber in echten kreativen Prozessen musst Du improvisieren.

SENSE

Da Du nicht einfach nur eine vorhersehbar geplante Handlung abgeschlossen hast, ist eine Menge passiert. Statt jetzt von einer kühlen Prüfungslogik auszugehen, ist es angemessener, die Erfahrung möglichst umfassend und sinnlich wirken zu lassen und zu begreifen, was genau geschehen ist.

CONCLUDE

Im Abschluss gilt es, die Prozesserfahrung zu akzeptieren. Du kennst das Risiko, zu scheitern. Großartig, wenn es gut lief. Wenn nicht, dann nimm es an. Du hast investiert. Jetzt entscheidest Du: Wagst Du es erneut? Brichst Du ab? Oder hast Du gelernt und wechselst in den PDCA-Zyklus?

RISC-Zyklus

Kreativität funktioniert nicht nach Plan und Pläne lieben keine Überraschungen. Für kreatives Arbeiten ist der Kreativ-Zyklus geeignet, für Routinen der PDCA-Zyklus. Sie ergänzen einander.

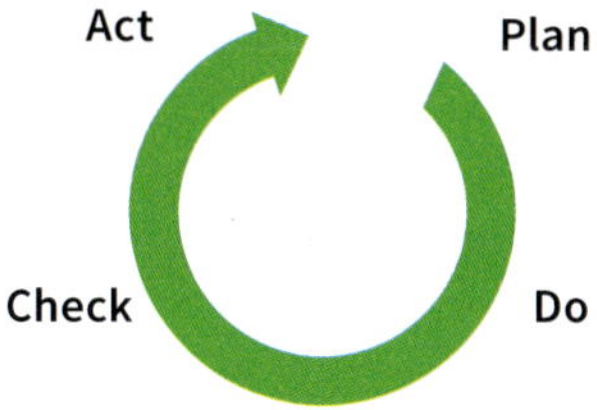

Der PDCA-Zyklus aus dem Qualitätsmanagement
Der Zyklus von Planung (plan), Handlung (do), Ergebnisprüfung (check) und Anpassung (act) eignet sich hervorragend als Denkmodell für etablierte Routinen und Prozesse, weniger aber für kreatives Neuland. Die Anweisung ist eindeutig: Mach einen Plan, setz ihn um, messe die Ergebnisse und evaluiere den Prozess, um ihn im nächsten Zyklus optimiert zu durchlaufen. Unterschätze die Tiefe dieses einfach wirkenden Modells nicht. Es optimiert jeden konventionellen Prozess.

„A bad system will beat a good person every time.“
William Edward Deming

„Nothing in life is as important as you think it is, while you are thinking about it.“

Daniel Kahneman

Die Überzeugung, etwas Großartiges zu machen und die Beschränkung auf die eigene Zuversicht kann leicht dazu führen, dass Du den kritischen Blick auf Deine Arbeit verlierst. Fatal! Denn effektive Weiterentwicklung basiert darauf, fundierte Argumente zu berücksichtigen, Korrekturen rechtzeitig vorzunehmen und Abwege zu vermeiden. Kritik aktiv einzuholen ist also besser, als sich abzumauern. Vielleicht ist der beste Weg, konstruktive und gerechtfertigte Kritik von falscher zu unterscheiden, viele Meinungen – statt nur einer – einzuholen, sie kühl zu dokumentieren, ruhen zu lassen und dann mit etwas zeitlicher Distanz dem eigenen Urteil zu vertrauen. Eine Community und vertrauenswürdige Berater helfen außerdem, die Spreu vom Weizen zu trennen.

Hier einige Orientierungshilfen zum Umgang mit Kritik:

- Sei offen und suche die kritischen Stimmen – sie sind die Chance für Wachstum.
- Nimm Kritik sachlich auf – vermeide jede spontane emotionale Rechtfertigung.
- Versuche die sachlichen Argumente zu verstehen – welche gibt es und wie überzeugend sind sie?
- Trenne die Aufnahme und die Bewertung der Kritik – mit Distanz lässt es sich leichter abwägen.
- Hör zu und halt die Klappe – akzeptiere, dass andere es anders sehen und bewerte später.

Kritik aktiv nutzen

Nutze die Chance, aktiv Kritik einzuholen,
um Deine Arbeit effektiv weiterzuentwickeln.

	Berücksichtigen	Ignorieren
Kritik anfragen	Du bist an kritischer Meinung interessiert und berücksichtigst sie, wenn sie Dir konstruktiv und passend erscheint.	Du zeigst Dich an kritischer Meinung interessiert, berücksichtigst sie aber in keinem Fall in Deinem Handeln.
Kritik meiden	Du holst kritische Meinung nicht aktiv ein, bedenkst sie aber, wenn sie ungefragt an Dich herangetragen wird.	Du bist nicht an kritischer Meinung interessiert und wirst sie auch sicher nicht berücksichtigen, falls sie ungefragt kommt.

„Wer seinem Stern folgt, kehre nicht um.“

Leonardo da Vinci

Als „Stromkrieg“ ging ein Streit zwischen Thomas Alva Edison und George Westinghouse in die Geschichte ein. Edison trat mit aller Macht für den Gleichstrom ein, Westinghouse für den Wechselstrom. Westinghouse gewann, wie wir heute wissen. Der große Innovator Edison zeigte sich in diesem Streit stur und uneinsichtig gegenüber allen Argumenten und jeglicher Kritik.

Die Wechselstromidee war seinerzeit revolutionär. Wie jeder revolutionäre Gedanke mobilisierte sie Widerstand: Sicherheit und Gewohntes stehen infrage. Experten finden fundierte und gut begründete Einwände. Manches davon könnte vor dummen Fehlern bewahren. Aber manches zielt auch nur darauf ab, Besitzstände zu wahren. Je höher also Neuigkeitswert und Provokation einer Idee sind, desto schwieriger wird es, gerechtfertigte und ungerechtfertigte Kritik voneinander zu trennen.

Wie hoch musst Du Deine Mauer bauen, um Dich vor Kritik, Zurückweisung und Ächtung zu schützen? Wie dick muss das Fell sein, dass Du Dir zulegen musst, um Dich vor Verletzung zu schützen?

Achtung Grenzkontrolle!

Eine Zunahme an Andersartigkeit und Wagnis steigert die Anziehungskraft für jede Form der Kritik. Sei vorbereitet.

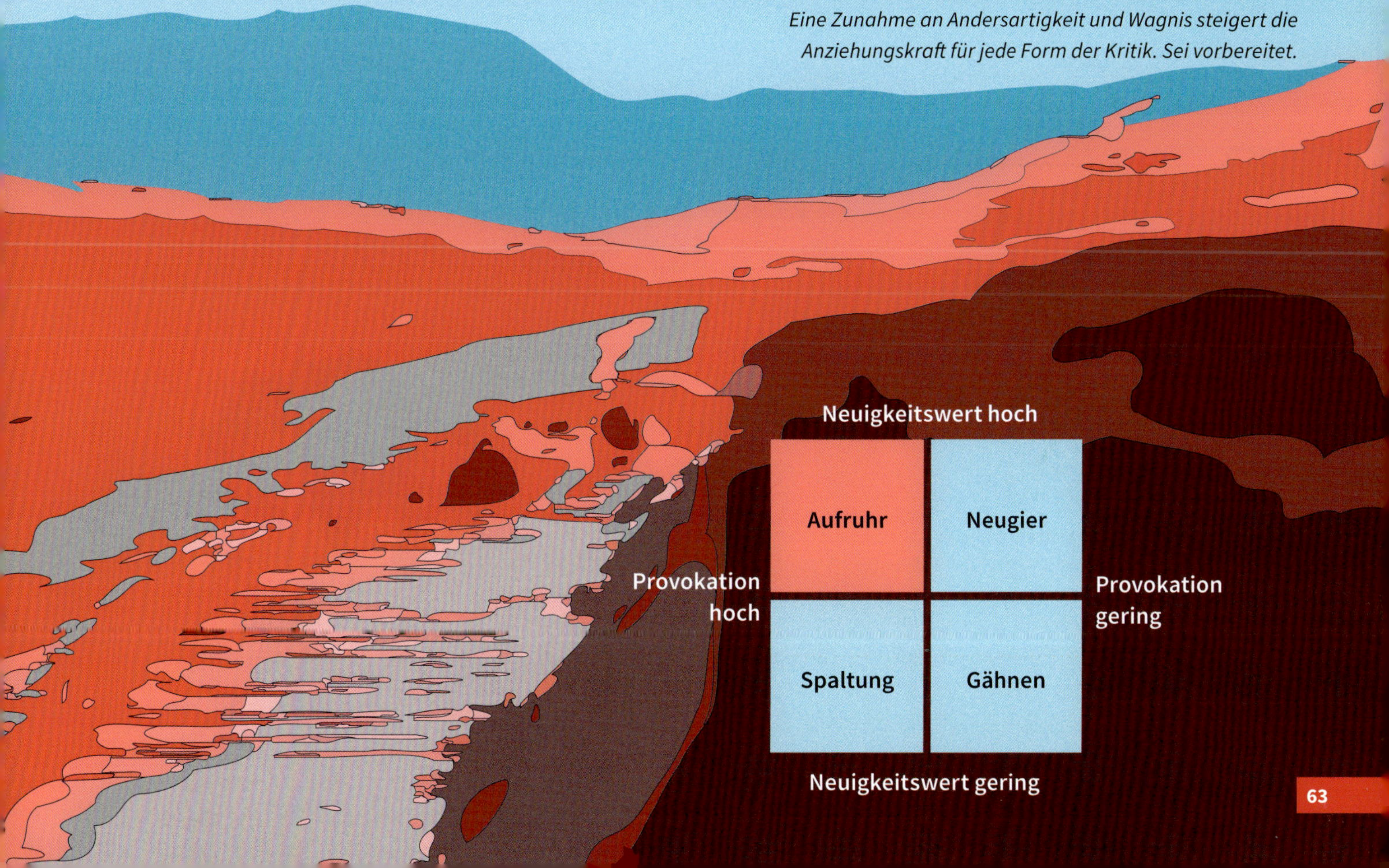

„Es gibt kein Material, das man nicht gebrauchen kann für Kunst.“

Pablo Picasso

CREATOR-MINDSET

Wer ein Creator-Mindset hat, strebt an, die Welt mit einem überraschenden Wurf zu begeistern.

Beim Creator-Mindset steht die Erfüllung persönlicher Erwartungen im Vordergrund. Im Zweifel ist es wichtiger, das Produkt/Projekt grundsätzlich zu realisieren, als großen Profit zu machen. Da es Dir darum geht, der Schöpfer und Eigentümer der Idee oder des kreativen Produktes zu sein, wird es Dir wichtig sein, den Prozess zunächst unter Ausschluss der Öffentlichkeit und von Kritik zu Ende zu bringen. Wenn Du mit dem Endergebnis auftrittst, maximiert das den Überraschungseffekt, den Du anstrebst. Es maximiert aber auch das Risiko, vollkommen an der Zielgruppe, den Kunden und dem Publikum vorbeigearbeitet zu haben – und abgelehnt zu werden.

Innovator-Mindset vs. Creator-Mindset

Dein Mindset ist wie ein Betriebssystem, das Dein Verhalten prägt. Passt Dein Mindset zu Deiner Aufgabe, dann steigt die Wahrscheinlichkeit, dass Du Deine Ziele erreichst. Wenn Ressourcen wie Zeit und Investitionskosten untergeordnet sind und der Erfolg am Ende nur von Dir selbst beurteilt wird, ist das Creator-Mindset passend. Wenn jedoch fremde Zielvorgaben erfüllt werden müssen und die Ressourcen sehr begrenzt sind, ist das Innovator-Mindset passend.

INNOVATOR-MINDSET

Wer ein Innovator-Mindset hat, strebt an, etwas Neues zu schaffen, das die Welt benutzen kann.
Beim Innovator-Mindset steht die Erfüllung der Erwartungen der Abnehmer im Vordergrund. Im Zweifel geht es weniger darum, als Jahrhundertgenie gefeiert zu werden, als ein Produkt zu kreieren, das verwirklicht und verwendet wird. Wenn bei Dir die Verwirklichung einer nützlichen Idee im Vordergrund steht, ist die Beurteilung durch die Zielgruppe entscheidend. Deshalb ist es unbedingt wichtig, Einwände und Kritik früh und aktiv einzuholen, um sie in den kreativen Schaffensprozess zu integrieren. Nur dann ersparst Du Dir Enttäuschungen beim Pitch Deines Ergebnisses. Du maximierst die Akzeptanz des Ergebnisses auf Kosten der Überraschung am Ende des Prozesses.

„Man ist nicht enttäuscht von dem, was ein anderer tut (oder nicht tut), sondern nur über die Erwartung an den anderen.“

Mark Twain

Als Kreativer kommt es darauf an, was *Du* anstrebst. Im Creator-Mindset bist Du gut aufgestellt, wenn Deine Kreativität Dir dazu dienen soll, Dein Ding zu verwirklichen. Es ist unbefriedigend, wenn Du Kreativität zum persönlichen Ausgleich betreibst und dann zu viele Fremdeinflüsse zulässt oder Dich an einem imaginären Markt orientierst. Willst Du hingegen wie ein Profi für einen Markt arbeiten, dann ist es wichtig, vom Creator-Mindset ins Innovator-Mindset zu wechseln.

Klarheit im Mindset

Mit dem falschen Mindset unterwegs zu sein, erzeugt Konfusion und Frustration. Kläre, was Dein Ziel ist und wähle das Mindset, das Dich dorthin bringt.

Wenn Du als Innovator ein Innovationsprojekt verfolgst, dann kommt es darauf an, dass Du schnell merkst, ob es gefördert wird. Da das nicht von Dir, sondern von den Entscheidern abhängig ist, die die Ressourcen verwalten, ist es wichtig, *nicht* im Creator-Mindset unterwegs zu sein, also Wow-Effekte generieren zu wollen, indem Du erst eine fertige Lösung erarbeitest, bevor Du sie veröffentlichst. Gehe initiativ auf Experten, Entscheider, Anwender und Multiplikatoren zu. Binde sie aktiv ein und berücksichtige das Feedback im Entwicklungsprozess. Der Pitch am Ende des Prozesses ist dann vorhersehbar, aber Du hast Dein Ziel erreicht, etwas zu entwickeln, das angenommen wird.

Wenn Du als Change-Agent unterwegs bist, läufst Du Gefahr, am grünen Tisch große Veränderungsarchitekturen zu entwerfen, ohne vorab zu testen, ob sie angenommen werden und ob sie veränderungswirksam sind. Themen und Methoden, die gerade in Mode sind oder in anderen Organisationen eingesetzt werden, funktionieren nicht unbedingt in Deiner Organisation. Ein Innovator-Mindset zu haben, bedeutet, User an der Entwicklung neuer Interventionen zu beteiligen, Pilotprojekte zu starten und die Zielgruppe bei der Bewertung und Weiterentwicklung einzubeziehen. Ein Creator-Mindset hingegen setzt auf Überraschungseffekte und das Prinzip Hoffnung.

„Don´t fight forces, use them.“
Richard Buckminster Fuller

Widerstehe der Tendenz, nur den Ausschnitt Deiner mentalen Fähigkeiten zu nutzen, den Du aus Gewohnheit und Neigung bevorzugst. Das mentale Spektrum spannt sich über unterschiedliche Ausdrucksformen zwischen Aktivität und Passivität sowie zwischen geringem und hohem Fokus. In der nebenstehenden Grafik werden diese Fähigkeiten systematisiert, im folgenden Kapitel „Blühender Geist“ (siehe S. 71) dann näher erklärt.
Finde heraus, was Du bevorzugst und trainiere insbesondere auch die Formen, die Du bisher vernachlässigt hast. Wenn Du Deinem Gegenstand oder Deiner Fragestellung auf verschiedene Weise begegnest, generierst Du ergänzende Einsichten, denn jede mentale Fähigkeit produziert unterschiedliche Ergebnisse.
Innovatoren tun sich häufig schwer, Fantasieren und Meditation/Ablenkung zuzulassen, weil sie sich wie unproduktiver Müßiggang anfühlen. Albert Einstein war beispielsweise jemand, der Defokussieren bewusst einsetzte. Engagierte Kreative tun sich hingegen eher schwer mit der aktiven Seite, das heißt mit Reflexion und Ablenkung. Picasso hat wie viele andere erfolgreiche Künstler gerade auch diese beiden mentalen Fähigkeiten bewusst genutzt.

Mind-Stretching

Nutze nicht nur die Assoziationswerkzeuge Deines Geistes, zu denen Du gewohnheitsmäßig neigst.

	Passiv	Aktiv
Fokussierung	Assoziieren Brain-storming	Reflexion Konzeption
Defokussierung	Fantasieren „Träumen“	Meditation Ablenkung

„Tradition is the great misleader because it´s too easy to follow what has already been done – even though you may think you're giving it a kick. I was really trying to invent, instead of merely expressing myself."

Marcel Duchamp

ASSOZIIEREN/BRAINSTORMING

Assoziationen herzustellen, heißt, zunächst auf ein Thema oder eine Fragestellung zu fokussieren und anschließend zu schauen, welche Assoziationen sich dazu einstellen. Wenn Du zu sehr von Deiner Fragestellung abschweifst, kehre zurück und fokussiere wieder. Diese Methode wird beispielsweise im Brainstorming genutzt. Beim Assoziieren greifst Du direkt auf Dein inneres Archiv und das Reservoire der dort gespeicherten Verbindungen zu.

REFLEXION/KONZEPTION

Im Gegensatz zum Assoziieren geht es bei der Reflexion und Konzeption darum, Gedanken bewusst zu beurteilen, zu sortieren und zu kategorisieren. Denkprozesse dieser Form können als aktive Kompositionsversuche verstanden werden. Reflexion und Konzeption ist wahrscheinlich die am häufigsten praktizierte Denkform und die sozial akzeptierteste, weil sie Ausdruck rationalen, vernünftigen, bewussten Denkens ist – und auch das ist in kreativen Prozessen notwendig.

Blühender Geist

Lass die Potenziale Deines Geistes voll erblühen, indem Du unterschiedliche mentale Fähigkeiten trainierst und kombinierst.

MEDITATION/ABLENKUNG

Kreatives Denken profitiert davon, dass Du zu gegebener Zeit bewusste Denkprozesse unterbrichst und Deinem Geist Abstand von der Problemlösung verordnest. Der Geist ist nie untätig, aber indem Du die bewussten Prozesse aktiv auf Entspannung (eine Meditation, die den Geist auf das Nicht-Denken fokussiert) oder Ablenkung (dem Geist ablenkende Inhalte zuführen) orientierst, gibst Du unbewussten mentalen Hintergrundprozessen den Freiraum, sich selbst zu organisieren.

FANTASIEREN/„TRÄUMEN“

Fantasieren meint hier, eine Auszeit zu nehmen, bei der Du Deinen Geist von der Lösung des Problems abziehst und ihn frei assoziierend treiben lässt. Du verfolgst einfach, wohin die Gedanken treiben, wenn Du weder bewusst weiterarbeitest, noch bewusst Nicht-Denken praktizierst. Eine entspannte Atmosphäre erzeugt dafür ein perfektes Treibhausklima. Als innerer Beobachter registrierst Du, was der Geist im Leerlauf produziert. Ohne es zu beeinflussen. Das ist ideal nach einem intensiven Arbeitssprint. Das meiste davon ist wertlos – aber manches absolut unvorhersehbar und glänzend.

„Es ist der Reiz des Lebens, dass man nicht alles für selbstverständlich hält, sondern noch bereit ist, sich zu wundern.“

Loriot

Die Fragen auf der rechten Seite zielen auf Facetten des Offenheits-Konzeptes, wie es in der Psychologie beforscht wird: Schönheit, Gefühle, Verhalten, Ideen und Werte. Es ist unwahrscheinlich, dass Du in jeder Hinsicht offen bist, und das wäre wohl auch gar nicht erstrebenswert. Nimm Dir Zeit herauszufinden, in welchen Bereichen Du besonders offen bist. Offenheit ist das entscheidende Persönlichkeitsmerkmal kreativer Menschen. Die Fähigkeit, sich auf Fremdes und Neues einzulassen oder – in gesteigerter Form – sich sogar dafür zu begeistern, ist ein Katalysator für den kreativen Prozess. Offenheit ist aber auch eine bewusste Entscheidung. Im Zen-Buddhismus wird damit eine innere Haltung bezeichnet, die man in der Meditation übt und die dort „Anfänger-Geist“ genannt wird. Man lässt Erfahrungen zunächst zu und stellt die zwanghaften und reflexartigen Bewertungen des Geistes ruhig. Das sinnliche Erleben vollzieht sich bewusster. Du kannst das üben, wenn Du den Wert der Methode erkennst.
Eine weitere Möglichkeit besteht darin, dass Du Dir zunächst klar machst, wo Deine Talente liegen (siehe S. 91), und dann gezielt Offenheit in Deinem Stärkenbereich forcierst, um ein Maximum an stimulierendem Input in genau den Bereichen zu generieren, in denen Deine Kompetenzen liegen.

Anfänger-Geist

Offenheit ist das wichtigste Persönlichkeitsmerkmal kreativer Menschen. Sie ist zwar angeboren, aber auch eine innere Haltung, für die man sich bewusst entscheiden kann.

Würdest Du Dich als fantasievollen Menschen bezeichnen?
Hast Du einen Sinn für das Schöne?
Genießt Du das weite Spektrum des menschlichen Gefühlslebens?
Erprobst Du Dich gerne, probierst etwas aus, um zu spüren, wie es ist und ob Du es kannst?
Stimulieren Dich neue Konzepte und fremde Theorien oder Ideen?
Spekulierst Du gerne?
Bist Du offen für unterschiedliche Werthaltungen, kannst Du widersprüchliche Vorstellungen aushalten?

MINDSET

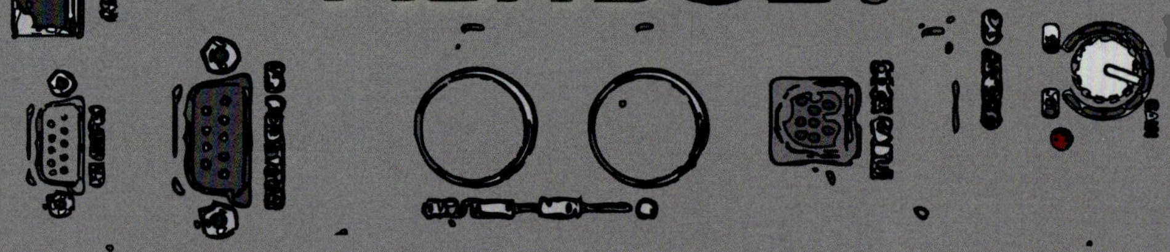

„You want to be a bit compulsive in your art or craft or whatever you do. You want to be focused on it."
Steve Martin

Gefühle spielen im kreativen Prozess einerseits als treibende oder hemmende Kraft eine große Rolle – sie sind für einige Kreative aber auch selbst das Ziel und damit ein Grund, immer wieder kreative Projekte zu initiieren. Musiker, die auf der Bühne die Aufführung ihres neuesten Werkes mit dem Publikum feiern, Maler, die Zuspruch auf Kunstmessen erhalten, Bildhauer oder Architekten, deren Arbeiten prominenten öffentlichen Raum einnehmen, Berater, die begeistertes Feedback für hilfreiche Ideen ernten oder Innovatoren, die erleben, wie ihr Produkt das Leben der Konsumenten erleichtert. All das steht beispielhaft für die Momente, in denen die glücklichen Gefühle überwiegen. Es gibt auch das Auf und Ab, das jedem kreativen Prozess inhärent ist – mal mehr, mal weniger stark. Wenn Du Deinen eigenen Gefühlshaushalt besser kennst, kannst Du insbesondere in den Momenten gegensteuern, in denen der Frust Dich ausbremst.

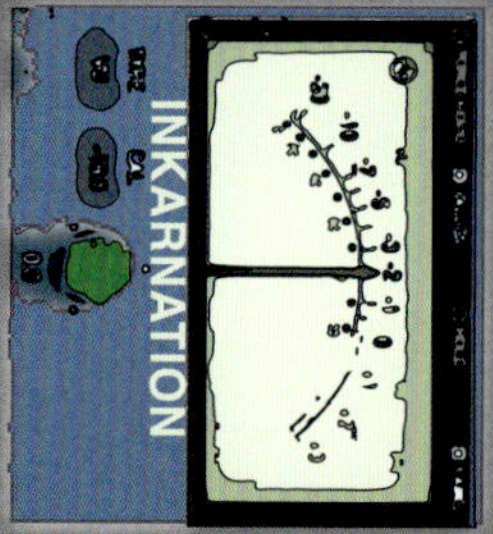

Angst vor Zurückweisung hält davon ab, Ideen zu materialisieren und damit beurteilbar zu machen. Eitelkeit verschließt einen gegenüber Kritik, die hilfreich wäre. Hoffnung ist ein Gegenspieler, um die Idee zu verwirklichen. Innere Sicherheit hilft, um sachliche Kritik nutzen zu können.

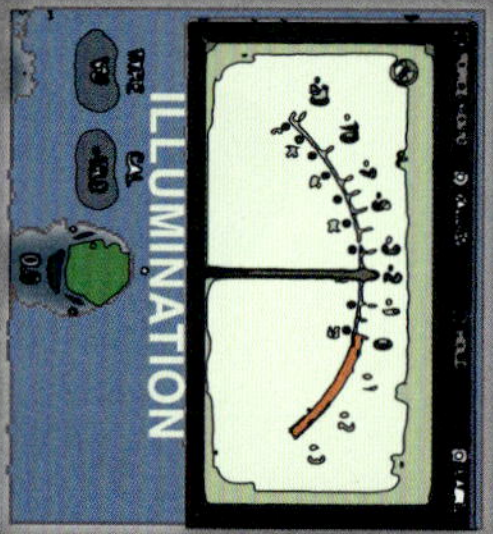

Freude und Begeisterung sind die typischen Gefühle, die mit der Illumination einhergehen. Dieses Hoch verleitet aber auch zu unkritisch positiven Beurteilungen der Lösungsideen.

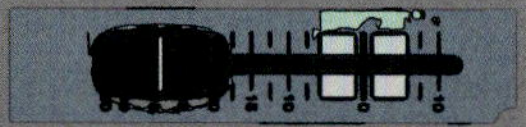

Emotions-Management

Lustvolle Gefühle sind bei bestimmten Aspekten des kreativen Prozesses wahrscheinlicher als bei anderen. Lerne, Deine Gefühle zu managen, dann forcierst Du den Erfolg.

Neugier ist die Emotion, die dafür sorgt, dass das Interesse an einem Thema wach bleibt. Ehrgeiz bewirkt, dass man kontinuierlich in seine Themen investiert. Langeweile und Antriebslosigkeit sind die Gegenspieler, die bewirken, dass man keine langfristige Investition macht.

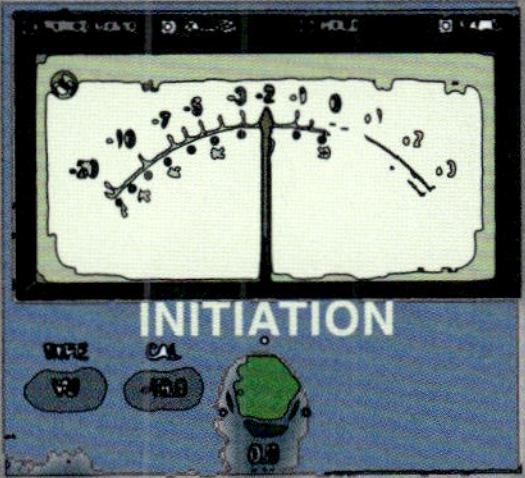

Neugier bewirkt, dass man Fragen stellt und Feuer fängt. Arroganz ist der Gegenspieler. Er vermittelt die trügerische Sicherheit, schon alle Antworten zu kennen oder weitere nicht zu benötigen. Hochgefühle sind in der Initiation die Regel.

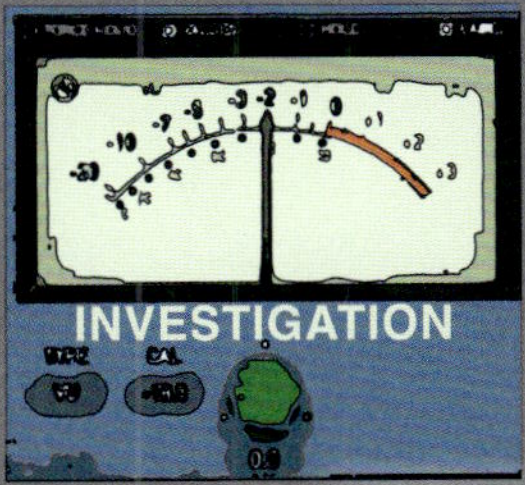

Im Modus der Investigation ist Neugier die treibende Kraft, sich in ein Thema zu vertiefen. Ungeduld oder ein Mangel an Neugier bewirken, dass man sich nicht tief und nicht breit genug informiert, um wichtige Erkenntnisse zu sammeln.

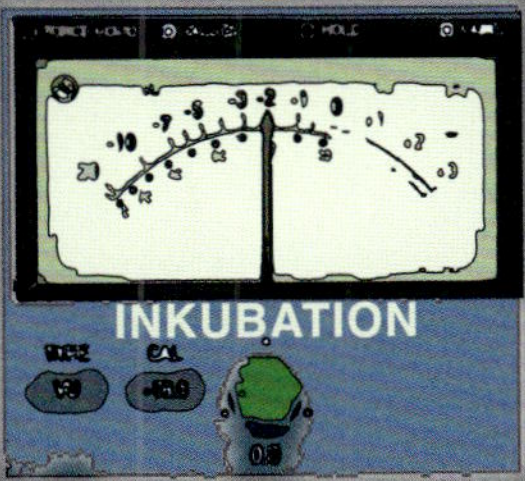

Geduld und Vertrauen sind die Gefühle, die helfen, auf die richtigen Einsichten warten zu können. Ungeduld und starker Ehrgeiz hindern daran. Der Aspekt der Inkubation wird meist von negativen Gefühlen begleitet, weil man nicht weiterkommt und keinen Ausweg sieht.

„Don´t try to create and analyze at the same time.
They‘re different processes.“

John Cage

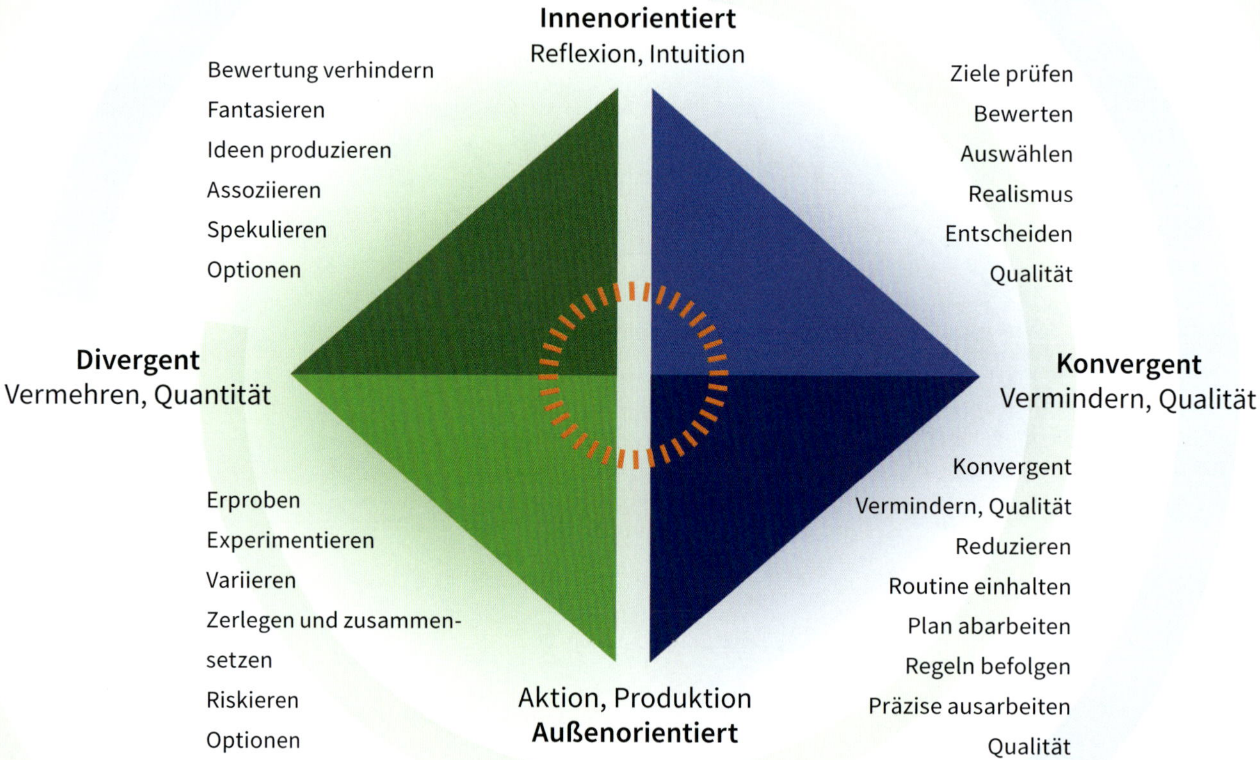

Der atmende Prozess

Kreatives Arbeiten erlaubt ein reiches Spielfeld an Denkmöglichkeiten: Vermehrung oder Verdichtung, Verinnerlichung oder Veräußerung. Orchestriere die Möglichkeiten geschickt und Du bleibst im Fluss.

Eindimensionale Strategien behindern im kreativen Prozess entweder die Ideenausbeute am Beginn oder die Umsetzung gegen Ende. Manche Menschen setzen zu sehr auf Reflexion oder Intuition und vergessen darüber, dass Ideen erst Bedeutung erlangen, wenn sie Wirklichkeit werden. Praktiker hingegen schenken dem Handeln so viel Aufmerksamkeit, dass darüber die Reflexion keinen Raum findet – mit der Folge, dass sie ihre Prozesse nicht schärfen und sie in Routinen erstarren. Eindimensionalität vermeidet man auch, wenn man einerseits ausreichend Ideen produziert und andererseits erkennt, wann es Zeit ist, zu selegieren und sich festzulegen. Eine reiche Ideenbasis ist Voraussetzung, um wählen zu können, aber erst die Auswahl und Festlegung ermöglicht es, Energien zu bündeln und sich auf die Umsetzung zu konzentrieren.

Takte Deine kreativen Prozesse so, dass Du vom Denken zum Handeln und vom Divergieren zum Konvergieren wechselst. Das Primat des Denkens vor dem Handeln gibt Dir die Sicherheit, dass Du weißt, was Du tust. Das Primat Divergieren vor Konvergieren stellt sicher, dass Du erst Optionen produzierst, aus denen Du kritisch wählen kannst, bevor Du loslegst.

„It always amazed me how little attention philosophers, psychologists, or anyone else actually has paid to humor."

Edward de Bono

Hier ein paar Erkenntnisse, um Stress konstruktiv zu nutzen:

- **Stress ist im kreativen Prozess zu manchen Zeitpunkten hinderlich, zu anderen hingegen förderlich. Dein Geist kann am besten Brainstormen oder Fantasieren, wenn Du entspannt bist.**
- **Zu entspannt darfst Du jedoch auch wieder nicht sein, weil sonst die Motivation absackt.**
- **Humor ist ein hervorragendes Mittel, um einen Entspannungszustand herzustellen.**
- **Das sogenannte Yerkes-Dodsen-Gesetz besagt, dass ein mittleres Stressniveau maximale Leistung ermöglicht.**
- **Der vielbeschworene Flow-Zustand tritt genau dann ein, wenn die Herausforderung gerade so hoch ist, dass Du Deine Kompetenzen voll einbringen musst, um sie zu meistern. Das ist keine Entspannung. Ziele und Deadlines erzeugen ebenfalls Stress. Bewegt sich das Stress-Level im mittleren Bereich, funktioniert auch hier wieder die Fokussierung und Motivation.**
- **Stress ist eine ganz individuelle Bewertung. Belastungen, die Du vielleicht noch als entspannt erlebst, mögen bei jemand anderem bereits massive Stressreaktionen auslösen.**

Stress-Kompetenz

Anders, als Du möglicherweise annimmst, ist Stress nicht nur problematisch, wenn es um Kreativität geht. Wie so oft ist es etwas komplizierter …

Literaturtipps

Zum PDCA-Zyklus das Akronym PCDA googeln, das Internet bietet hier viele Informationen.

Der im Text erwähnte „Stromkrieg“ ist beschrieben in:

Josephson, M. (1969). Thomas Alva Edison. Kreißelmeier Verlag.

Das hier dargestellte Mindset-Konzept ist eine Weiterführung und Übertragung der Gedanken, die C. S. Dweck in ihrer Theorie von Growth Mindset vs. Fixed Mindset formuliert hat:

Dweck, C. S. (2006). Mindset: The new psychology of success. Random House.

Das Offenheitskonzept der Psychologie geht auf Costa und McCrae zurück. Nachzulesen in:

Sternberg, R. J./Lubart, T. I. (1995). Defying the crowd. Simple Solutions to the Most Common Relationship Problems. The Free Press.

Das im Text erwähnte und ein weiteres lesenswertes Buch für Zen-Interessierte ist:

Suzuki, S. (2000). Zen-Geist Anfänger-Geist. Theseus.

Beck, C. J. (2000). Zen im Alltag. Knaur.

Der kreative Prozess

„An expert is someone who has succeeded in making decisions and judgements simpler through knowing what to pay attention to and what to ignore."

Edward de Bono

„Innovation heißt zu sehen, was alle anderen sehen, aber zu denken, was noch keiner gedacht hat.“

Henry Ford

INITIATION

Jede Kreativität braucht den Aspekt der Problematisierung: Etwas muss Deine Initiative herausfordern, Dich zum Handeln bewegen. Während des Prozesses verändern sich Fragen oder es kommen neue hinzu, die zum Weitermachen motivieren.

INVESTIGATION

Jede Kreativität braucht Phasen, in denen Du Dich einarbeitest, studierst, erlernst und ausprobierst, um das Handwerkszeug zu erwerben, dass Dir hilft, Dein kreatives Problem zu lösen. Manches musst Du zwischendurch vertiefen, anderes hinzulernen.

INKUBATION

Jede Kreativität hat Phasen, in denen Du die Dinge ruhen und sich selbst überlassen solltest. Wenn Du mit dem, was Du gerade tust, nicht weiterkommst, dann wendest Du Dich anderem zu. Abstand zu nehmen, bringt Dich verblüffenderweise oft schneller ans Ziel.

INVESTITION

Jede Kreativität beruht auf Investitionen in Wissen, Können, Erfahrungen. Aus ihnen schöpfst Du – und Du erweiterst die Investition permanent durch das, was Du im Prozess erlebst und erarbeitest.

Sechs Aspekte im kreativen Prozess

Um kreativ zu sein, musst Du verschiedene Aspekte im Blick behalten, die alle ihren eigenen Beitrag zum Gesamtergebnis liefern.

ILLUMINATION
Jeder Kreativitätsprozess hat Momente der Erleuchtung, in denen plötzlich eine Einsicht kommt. Selten ist es die eine, große Erleuchtung. Viel häufiger sind es mehrere kleine Einsichten.

INKARNATION
Jede Idee im kreativen Prozess muss verwirklicht werden, um zu existieren. Im Kopf bleibt es nur eine Idee. In der Verwirklichung zeigt sich dann meist, was funktioniert und was erneut überdacht und überarbeitet werden muss, bis man sein Ziel erreicht.

„Der einzige allgemeine Grundsatz, der den Fortschritt nicht behindert, lautet: Anything goes."

Paul Feyerabend

Welche Vorteile bietet diese Sicht gegenüber der Prozess-Sicht?

- Dir ist bewusst, dass kein Teilaspekt im Prozess einmalig auftritt und abgeschlossen wird.
- Du bleibst aufmerksam, wo die Energie stockt und kannst sie auf andere Aspekte lenken.
- Du bist darauf vorbereitet, dass jeder Aspekt zu jedem Zeitpunkt virulent ist – auch wenn dies mal mehr oder weniger der Fall ist.
- Du kannst prüfen, welcher der Aspekte von Dir insgesamt stärker beachtet werden sollte, um besser zu werden.

Parallel-Prozess statt sequenzieller Prozess

Die Aspekte Investition, Initiation, Investigation, Inkubation und Inkarnation werden nicht sequenziell abgearbeitet, sondern bleiben alle im gesamten Prozess relevant.

Seit Graham Wallas 1926 sein Fünf-Stufen-Modell des kreativen Prozesses vorgestellt hat, ist die Idee fest etabliert, dass der kreative Prozess in einem sequenziellen Stufenprozess abgebildet werden kann. Entsprechend viele Modelle kursieren und konkurrieren miteinander, sie basieren aber meist auf dieser Grundannahme.
In der Praxis erlebt man jedoch, dass die verschiedenen Aspekte, die Kreativität ausmachen, also Investition, Initiation, Investigation, Inkubation, Illumination und Inkarnation, besser verstanden werden, wenn man sie als parallel wirksame Aspekte des kreativen Schaffens auffasst. Während man sich im kreativen Prozess auf ein Ziel zubewegt, drängen abwechselnd immer einige Aspekte stärker in den Vordergrund, während andere in den Hintergrund treten, ohne je vollständig an Bedeutung zu verlieren. Entscheidend ist, dass Du verstehst, dass jeder Aspekt unterschiedliche Anforderungen an Dein Vorgehen stellt. Wenn Dir bewusst ist, was genau in einem bestimmten Moment gefordert und wirksam ist, dann kannst Du effektiver auf das Ziel zusteuern, dass Du Dir gesetzt hast.

Literaturtipps

Einen Überblick und eine vergleichende Gegenüberstellung über verschiedene Prozessmodelle der Kreativität enthält folgendes Buch. Der darin ebenfalls erwähnte G. Wallas unterscheidet übrigens die Stufen: Preparation, Incubation, Insight, Verification, Elaboration:

Sawyer, K. (2012). Explaining Creativity. The Science of Human Innovation. Oxford University Press. S. 87-142.

Hier zwei weitere Bücher mit eigenen, sehr anschaulichen Prozessmodellen:

Piirto, J. (2004). Understanding Creativity. Great Potential Press.

Seelig, T. (2015). inGenius. A Crash Course in Creativity. HarperCollins.

Investition

„The great accomplishment of Jobs´s life is how effectively he put his idiosyncrasies – his petulance, his narcissism, and his rudeness – in the service of perfection.“

Malcolm Gladwell

Leonardo da Vinci hat weit mehr Vorzeichnungen als fertige Kunstwerke hinterlassen. Er hat bewusst *zeichnendes Denken* zwischen Konzept und Handeln implementiert. Der Maler und Autor Giorgio Vasari prägte dafür Mitte des 16. Jahrhunderts den Begriff „Disegno". Das italienische Wort umfasst die Bedeutungen Entwurf, Konzept, Idee, Plan. Die Idee des Disegno geht durch die Zeit und findet heute eine eigene Renaissance im Sketching oder Graphic Recording.

Zeichnen ist mehr als nur Abbilden, es ist eine aktive Konstruktion und damit eine spezifische Denkform. Es verlangt Selektion, schult die Aufmerksamkeit und trainiert die Koordination von Hand und Geist. Du verarbeitest dabei aktiv das Wahrgenommene und handelst im Zeichnen ebenfalls aktiv. Beides schult Dein kreatives Mindset, und erweitert Deine kreativen Ausdrucksmöglichkeiten erheblich.

Heute stehen Dir erweiterte Möglichkeiten für Sketches wie Fotografie und Sprachaufzeichnung zur Verfügung – und all das kompakt in Deinem Smartphone gebündelt. Das ergänzt Dein Repertoire, aber Notizbuch und Stift bleiben immer noch erste Wahl, weil sie aktiver sind. Mit ihrer Hilfe baust Du ein persönliches Archiv auf, aus dem Du zu späteren Zeitpunkten schöpfen kannst. Sie dokumentieren rückblickend auch oft den Entstehungsprozess.

„Be able to draw an illustration at least well enough to get your point across to another person."

Marilyn vos Savant

Sketching

Lerne zu Zeichnen. Es ist eine Denkweise. Es bereichert Deine Wahrnehmung, Deine Ausdrucksmöglichkeiten, Deine Kommunikationsfähigkeiten. Lerne zu zeichnen.

Denkmethode
Skizzieren aktiviert die Geist-Hand-Verbindung. Damit schulst Du Deine Aufmerksamkeit und bist gezwungen, zu selegieren. Du entschleunigst, präzisierst, erkennst Zusammenhänge. Stift und Papier sind dazu in besonderer Weise geeignet.

Ideenspeicher
Skizzen, Notizen, aber auch Sprach- und Musikaufzeichnungen und Fotos halten flüchtige Gedanken und Einfälle fest. So ist es möglich, zu speichern, was Du zu einem späteren Zeitpunkt bewerten oder benutzen willst.

Strukturhilfe
Die erste Sammlung von Gedanken in jeder Form der Aufzeichnung initiiert unweigerlich auch einen Impuls der Strukturierung. Manchmal sind Ordnungen sofort erkennbar, manchmal merkst Du aber auch, wo Gedanken mehr Klarheit verlangen.

Kommunikationsmittel
Du kannst Dich viel besser über eine Idee verständigen, wenn die Gesprächspartner sich im wörtlichen Sinn ein Bild davon machen können. Jede Art von Skizze und, im weiteren Sinn, jede Art von Prototyp vermeidet also Missverständnisse und erhöht die Präzision im Austausch.

„I think about architecture all the time. That's the problem. But I've always been like that. I dream it sometimes."

Zaha Hadid

Herkunft, Ausbildung, Interessen, Erfahrungen, Beziehungen und Talente sind Dein inneres Archiv, wenn Du Ideen generierst. Alles, was bis zu diesem Zeitpunkt Dein Leben besonders macht, kannst Du nutzen. Es lohnt sich, ein besonderes Augenmerk auf Deine Talente zu richten, weil es Dir ermöglicht, Deine ureigenen Stärken bewusster einzusetzen und gezielter auszubauen.

Der Erziehungswissenschaftler Howard Gardner unterscheidet acht unterschiedliche Kompetenzfelder. Schau Dir die Kompetenzbereiche an und denke auf Basis Deiner Interessen, bisherigen Leistungen und der Rückmeldungen, die Du von Menschen in Deiner Umgebung erhältst, über Dein Kompetenzprofil nach.

Der Tipp hierzu lautet: Investiere in Deine Stärken. Arbeite nicht gegen Dein Profil. Konkret: Beschäftige Dich selektiv mit Input, der Deine Wahrnehmung und Dein Denken in diesem Bereich schärft. Und bezüglich des Outputs: Produziere in einer Ausdrucksform, die Deine spezifischen Stärken fordert. Akzeptiere, dass Menschen, deren Kompetenzprofil von Deinem sehr abweicht, Deine Interessen, kreativen Ideen und Produkte weder verstehen noch schätzen werden.

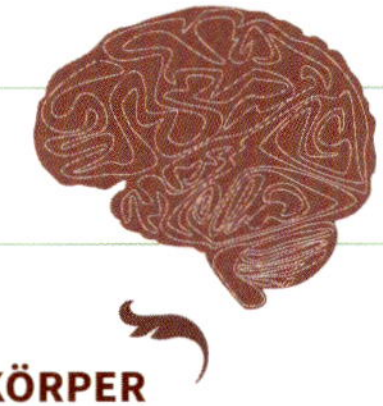

KÖRPER
Körperkoordination, Körperbeherrschung

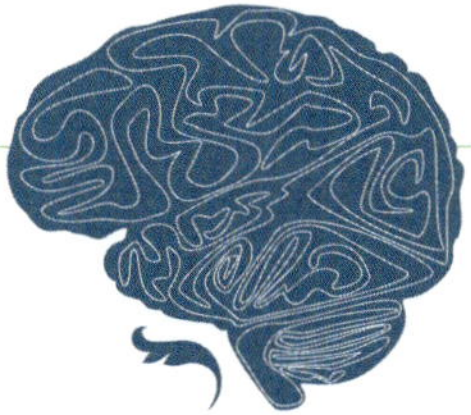

LOGIK UND MATHEMATIK
Analysieren, logisch prüfen, programmieren, wissenschaftlich untersuchen

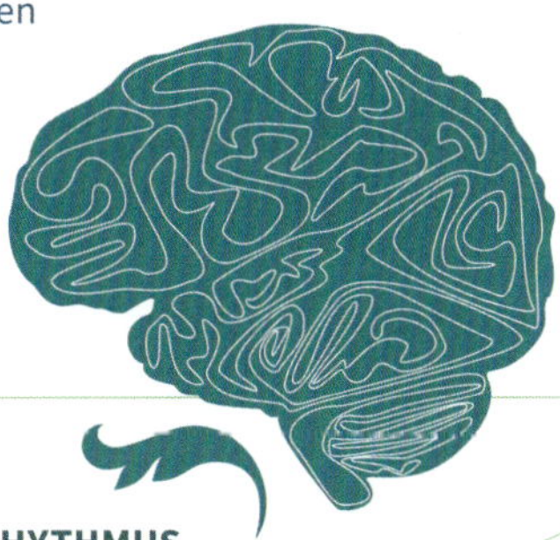

MUSIK UND RHYTHMUS
Musizieren und komponieren

8

Kompetenzfelder 7

6

Setze Dich mit Deinen spezifischen Kompetenzen auseinander. Wenn Du weißt, welche Talente Dir gegeben sind, kannst Du den Turbo für Deine Entwicklung starten. 5

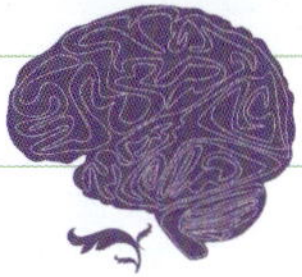

BILD UND RAUM
Raum und Strukturen erfassen, Proportionen erkennen

4

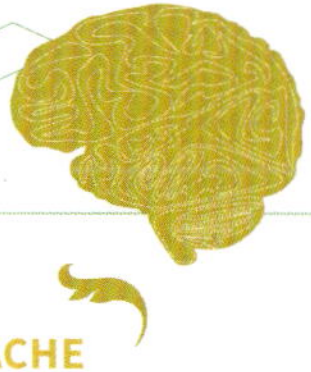

SPRACHE
Schreiben, reden, dichten, verfassen, Sprachen lernen

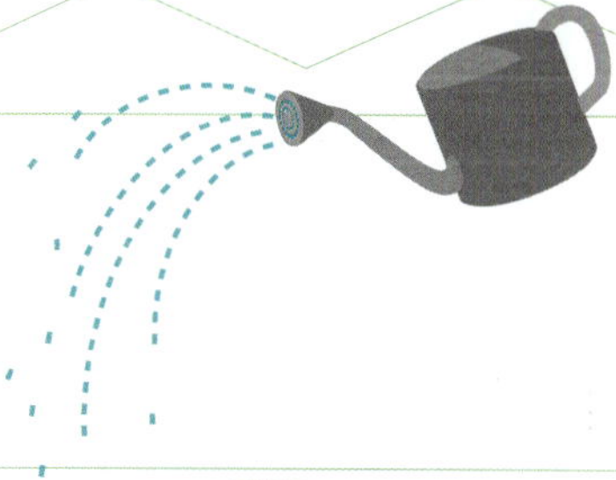

3

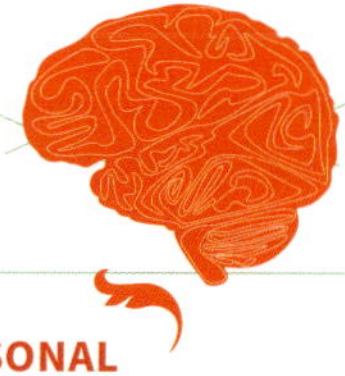

INTRAPERSONAL
Eigene Gefühle und Stimmungen wahrnehmen und verstehen

2

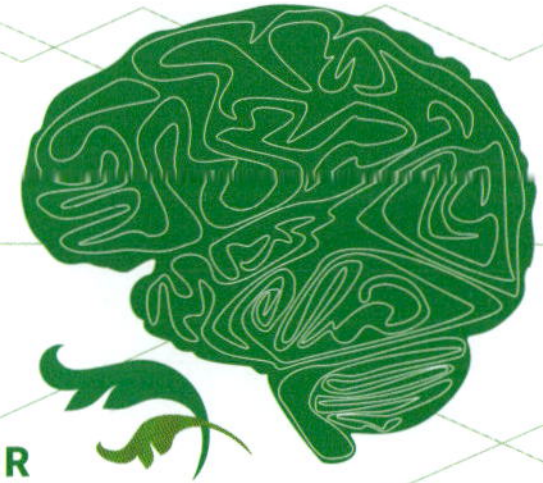

NATUR
Zugang zu Natur, wahrnehmen, unterscheiden

1

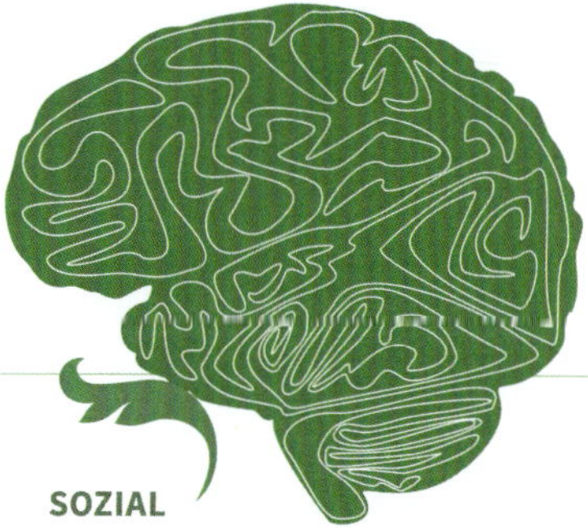

SOZIAL
Empathisch, kontaktfähig, soziales Gespür, soziale Intelligenz

Bei der Design-Firma IDEO gibt es die „Tech Box" – ein Rollwagen mit Schubladen und Fächern. Darin sind alle möglichen exotischen Materialien, Proben außergewöhnlicher Werkstoffe und Produkte enthalten. Das seltsame Gefährt bietet den Designern bei der Suche nach neuen Produkten einen Kosmos an Anregungen. Die „Tech Box" ist nichts anderes als ein rollbares Archiv. Bibliotheken, Platten- oder Filmsammlungen sind klassische Beispiele für Archive. Fundstücke, Zeitungsausschnitte, Fotos … alles kann Teil eines Archivs werden. Oft weiß man noch nicht, wozu man es brauchen kann, aber man ahnt, dass sich das irgendwann zeigen wird. Beispiele gewünscht? Beethoven hat Ideen in Notizbüchern gesammelt, Goethe hatte seine Bibliothek. Umberto Ecos riesige Büchersammlung ist berühmt geworden. Zahllose Schriftsteller sammeln Ideen in Tagebüchern, der gefeierte Molekularkoch Ferran Adrià hatte ein Experimentallabor, in dem Rezepte erfunden und Erfahrungen akribisch dokumentiert und gesammelt wurden. Der Komponist und Jazzmusiker John Zorn hat ein riesiges Musikarchiv und der Regisseur Quentin Tarantino sagt, dass er Inspirationen zu seinen Filmen beim Durchstreifen seiner eigenen Plattensammlung findet. Ein Archiv ist wie ein externalisiertes Gehirn, ein Ideenreservoire, aus dem Du Dich bedienen kannst, ein Kraftfeld, in dem Du Dich inspirieren lassen kannst. Es wächst über Jahre und ein ganzes Leben und ist für das kreative Arbeiten eine unentbehrliche Investition.

Dein Archiv

Ein persönliches Archiv, in dem Du Anregungen sammelst, ist Inspiration, Heimat, Fundgrube, Ratgeber, Trostspender, Stolz, Tankstelle – braucht es mehr Gründe, eines anzulegen?

„The most important thing is to read as much as you can, like I did. It'll give you an understanding of what makes good writing and it will enlarge your vocabulary."

J. K. Rowling

Die Kreativitätsforschung geht davon aus, dass Wissen und Erfahrung die Voraussetzung für Kreativität sind. Wie viel Wissen und wie viel Erfahrung erforderlich sind, das ist seit Langem bemerkenswert präzise bemessen: zehn Jahre. Bereits 1899 wurde diese Zahl erstmals veröffentlicht und mittlerweile ist für viele Disziplinen nachgewiesen, dass kreative Durchbrüche überzufällig häufig nach ungefähr zehn Jahren Investition erfolgen. Rund 10.000 Stunden kommen zusammen, wenn Du an fünf Tagen in der Woche vier Stunden täglich über zehn Jahre hinweg fleißig bei der Sache bist. Je näher Du dabei an Deiner Leistungsgrenze arbeitest, je besser das Feedback beim Lernen ist und je qualifizierter die Mentoren sind, die Du auswählst, desto höher sind die Erfolgsaussichten. Die Annahme, dass Quereinsteiger besser geeignet sind, neue Impulse in einem bestimmten Bereich zu liefern, scheint also eher die Ausnahme zu sein.

Sich als Kreativer oder Innovator in ein Thema einzuarbeiten oder als Change-Agent auf Experten mit langjähriger Erfahrung zurückzugreifen, ist demnach eine Erfolg versprechende Strategie. Fleiß und Ausdauer schlagen auf längere Sicht Talent – gemäß dem Spruch „hard work beats talent, if talent doesn´t work hard". In mehreren Studien des Psychologen Anders Ericsson zeigte sich, dass gerade die Besten ihres Fachs nicht nur härter, sondern sehr viel härter arbeiten als der Durchschnitt.

Ob Du also überfällig bist oder noch ein paar Monate oder Jahre arbeiten musst, kannst Du selbst am besten beurteilen. Ob Du Deine Strategie in Richtung Fleiß, ambitioniertere Ziele, besseres Feedback oder hochwertiges Mentoring updaten solltest, könntest Du überdenken. Es scheint jedenfalls nicht so zu sein, dass geduldiges Warten auf die göttliche Eingabe Deine Aussicht auf einen Durchbruch erhöhen.

Zehntausend Stunden

Ohne Investition gibt es keine Rendite. Das scheint auch zu gelten, wenn es um kreative Durchbrüche geht. Die magische Orientierungsgröße liegt bei zehn Jahren.

„'Hard working' is what gets the job done. You just see that year after year. The students who thrive are not necessarily the ones who come in with the perfect scores. It‘s the ones who love what they’re doing and go at it vigorously.“

Carol S. Dweck

Literaturtipps

Zahlreiche Portraits von Kreativen und Bilder ihrer Notizbücher in:

Nielsen, D./Hartmann, K. (2010). Inspired. How Creative People Think, Work and Find Inspiration. BIS Publishers.

Drei Anregungen zur praktischen Entwicklung von Sketching-Kompetenzen:

Haussmann, M. (2014). UZMO. Denken mit dem Stift. Visuell präsentieren, dokumentieren und erkunden. Redline.

Roam, D. (2009). Auf der Serviette erklärt. Mit ein paar Strichen schnell überzeugen statt lange präsentieren. Redline.

Agerbeck, B. (2016). The idea shapers: the power of putting your thinking into your own hands. CreateSpace Independent Publishing Platform.

Zum Modell der multiplen Intelligenzen – hier als Kompetenzen, nicht als Intelligenzen gedeutet:

Gardner, H. (2006). Multiple Intelligences. Basic Books.

Das Beispiel der „Tech Box" stammt aus dem Buch über die IDEO-Design Agentur:

Kelley, T. (2016). The art of innovation. Profile Books.

Zur 10.000 Stunden-Regel ein ausführliches Kapitel in folgendem Buch, das einen originellen Zugang wählt, um geniale Leistungen zu erklären:

Gladwell, M. (2008). Outliers. The Story of Success. Penguin. S. 38-76.

Initiation

„All unser Wissen hat seinen Ursprung in unserer Wahrnehmung.“

Leonardo da Vinci

EVOLUTION

Bei einem evolutionären Ansatz geht es darum, Verbesserungen des Bestehenden zu erzielen. Optimierung findet innerhalb einer bekannten Struktur statt. Das kostet nur begrenzt Energie und bindet einige Ressourcen, aber es stellt den Status quo nur wenig infrage. Der Prozess ist weitgehend planbar, vorhersehbar und kalkulierbar. Du versuchst das Bestehende besser zu machen, indem Du zunächst analysierst. Dann definierst Du, wo Du ansetzen könntest, planst das Vorgehen, setzt den Plan um und prüfst abschließend das Ergebnis. Das Neue entsteht Schritt für Schritt. Zeitweise ist das der beste Weg, aber manchmal reicht das nicht aus, man braucht eine Revolution …

REVOLUTION

Bei einem revolutionären Ansatz wird das Bestehende grundsätzlich infrage gestellt. Es geht um eine vollständige Erneuerung – die schöpferische Zerstörung. Das mobilisiert den Widerstand der Sicherheitsbedürfnisse, da Risiken wachsen, stabile Rückzugspositionen entfallen und Garantien, das Ziel zu erreichen, fehlen. Der Prozess, die Ressourcen und das Ergebnis sind in einem revolutionären Ansatz kaum oder nur auf Sicht planbar. Deshalb sind Kosten, Verluste und Verzögerungen wahrscheinlich – aber so kann Neues entstehen, das sich vom Alten abhebt. Wenn Bestehendes sich jedoch bewährt hat und optimiert werden soll, dann ist der Weg der Evolution sinnvoll …

„Wenn man alle Fehler an einer Kutsche beseitigt, erhält man möglicherweise eine perfekte Kutsche, aber wahrscheinlich nicht das erste Automobil."

Edward de Bono

Evolution oder Revolution?

Prozesse der schrittweisen Verbesserung und einschneidende Momente des radikalen Wandels sind konträre, aber zyklisch notwendige Strategien der Veränderung. Was steht an?

Originalität kann sich in Form von Verbesserung oder in Form von Disruption ausdrücken. Achte darauf, in welche Richtung Deine Motivation zielt, wenn Du *kre*-aktiv wirst und folge dieser Motivation. Sehr häufig neigen kreative Menschen, die sich bereits auf einem Gebiet auskennen, zu einem Ansatz, der das Neue in der Verbesserung des Bestehenden sucht. Bei diesem *evolutionären Fokus* stehen Deine Chancen gut, auf Akzeptanz mit Deinen neuen Ideen zu stoßen. Dieser Ansatz bietet mehr Sicherheit: Du gehst geringere Risiken ein, weil Du an etwas arbeitest, das grundsätzlich etabliert ist, und weil Verbesserungen des Etablierten leichter angenommen werden.

Bei Quereinsteigern hingegen findet man häufiger die Motivation, das Bestehende grundsätzlich infrage zu stellen. Der Begriff Quereinsteiger sagt es bereits: Diese Menschen nähern sich einer Sache von der Seite, also durch einen unkonventionellen Zugang und durch ein Vorwissen auf einem fachfremden Gebiet. Sie wirken eher revolutionär. Der *revolutionäre Fokus* erfordert mehr Mut und Risikobereitschaft. Bist Du davon getrieben, wirst Du mit mehr Widerspruch, Widerstand und stärkerer Polarisierung der Urteile zu rechnen haben. Diesem Risiko steht die Gewinnchance gegenüber, dass Du als potenzieller Game Changer ein ganz neues „Spiel“ definierst, also zur Referenz für etwas ganz Neues wirst.

Dein Kreativ-Fokus

Erkenne und nutze Deine natürliche Neigung zu einem evolutionären oder revolutionären kreativen Fokus.

Wenn Du Deiner natürlichen Neigung zu einem *evolutionären* oder zu einem *revolutionären* Zugang folgst, nutzt Du Deine ursprüngliche Energie. Klare Entscheidungen helfen Dir, Dich im kreativen Prozess besser auszurichten: Wie Du mit Kritik und Rückschlägen umgehst (siehe S. 60), wie Du Dich fokussierst (siehe S. 76), wie Du Experten einbindest (siehe S. 98) etc. Irgendwann wirst Du allerdings feststellen, dass der Strategiewechsel unvermeidlich ist, wenn Du wachsen willst (siehe S. 116).

„Es gibt Risiken, die einzugehen Du Dir nicht leisten kannst und es gibt Risiken, die nicht einzugehen Du Dir nicht leisten kannst.“

Peter Drucker

„I'm a great admirer of mystery and magic. Look at this life – all mystery and magic."

Harry Houdini

Die große Kunst der Zauberer ist es, die Aufmerksamkeit des Publikums so zu lenken, dass der Trick unerkannt bleibt. Der Geist ist so ein großer Zauberer, der die Wahrnehmung lenkt und suggeriert, dass das, was sich vor uns ereignet, nur so und nicht anders sein kann. Solange diese Wirklichkeit akzeptiert wird, gibt es auch keinen Anlass, sich auf die kreative Suche zu begeben. Irgendjemand muss irgendwann auf den Gedanken kommen, den Status quo grundsätzlich infrage zu stellen. Mit dem Fragen verändert sich der Blick auf die Welt. Eine Frage, die ausreichende Spannung erzeugt, treibt die Neugier nach der Antwort an und *initiiert* den Prozess der Kreativität. Mit etwas Glück eröffnet sich ein ganz anderer Zugang zur Wirklichkeit und zaubert etwas hervor, das immer schon da war, aber bisher von niemandem gesehen wurde.

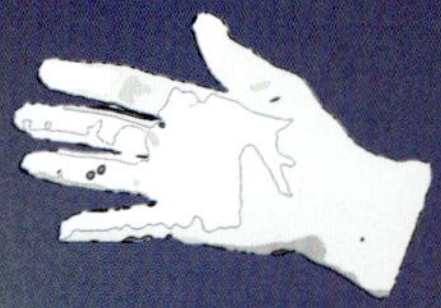

Bei Kreativen beginnt die Initiation mit Fragen an den Inhalt oder die Methodik ihres kreativen Gebietes. Innovatoren hinterfragen entweder das Produkt oder den Prozess seiner Herstellung im engeren Sinn. Und Change-Agents fragen, wie die Transformation der Organisation bezogen auf Strukturen, Werte, Interaktionen, Strategien oder Prozesse vollzogen werden kann, um die Menschen zu bewegen.

Fragen, Fragen, Fragen

Du muss die Welt infrage stellen,
wenn Du etwas Neues in die Welt bringen möchtest.

Der Trick, zu einer fesselnden Frage zu kommen, besteht darin, einfach loszulegen, loszufragen und zu beobachten, wie Du reagierst. Dabei geht es wirklich nur um Dich, denn was Dein Interesse weckt, mag andere völlig kalt lassen. Etwas Neues zauberst Du erst aus dem Hut, wenn Du eine Frage stellst, die Du oder andere noch nicht gestellt haben. Aber die Magie beginnt immer schon mit einer Frage, die Dich nicht mehr loslässt.

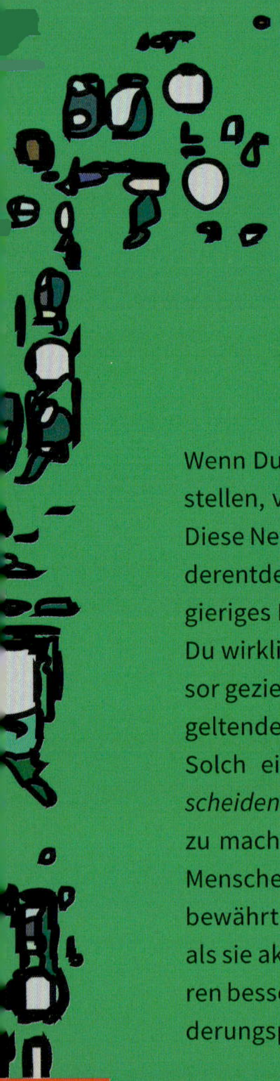

„Wenn ich die Leute gefragt hätte, was sie brauchen, hätten Sie geantwortet, bessere Pferde.“

Henry Ford

Wenn Du auf dem Gebiet, auf dem Du kreativ unterwegs bist, beginnst, mehr Fragen zu stellen, veränderst Du Deine Wahrnehmung und es werden neue Einsichten entstehen. Diese Neugier hat Dich als Kind angetrieben, die Welt zu erschließen. Insofern ist die Wiederentdeckung einer fragenden Haltung bereits ein Kreativitätsturbo. Ungezieltes neugieriges Fragen wirkt inspirierend – was einigen Menschen bereits ausreicht. Aber wenn Du wirkliche Durchbrüche auf Deinem Gebiet machen willst, muss Dein interner Prozessor gezielter programmiert werden. Du brauchst einen Algorithmus, der die Grenzen des geltenden Denkraumes überwindet.

Solch ein Programm hat drei Bestandteile: *Überzeugung, Motivation* und die *entscheidende Frage*, wie es *anders* gehen könnte. Nicht jeder ist motiviert, „es“ anders zu machen. Und das ist auch nicht zwingend notwendig, um kreativ zu sein. Aber die Menschen, die sich selbst neu erfunden oder sich als Game Changer auf einem Gebiet bewährt haben, sind von der Frage getrieben, die Dinge anders und besser zu machen, als sie aktuell sind. Kreative haben aufgrund dieser Frage neue Stile erfunden, Innovatoren bessere Produkte und Change-Agents Methoden, um Menschen leichter durch Veränderungsprozesse zu führen.

Die entscheidende Frage

Der Welt fragend zu begegnen, verändert Deine Perspektive, aber um echte Durchbrüche zu machen, brauchst Du die entscheidende Frage.

1. Die Überzeugung, es besser zu können

Wissen, Erfahrungen und Kompetenzen helfen, mit Kritik und Krisen umzugehen. Die Investition in Wissen, Erfahrung und Kompetenz stärkt die Selbstwirksamkeits-Überzeugung und die Arbeit in einer Community schafft ein Treibhausklima, um Dich zu formen.

2. Die Motivation, es besser zu machen

Du musst wirklich die Grenzen überwinden wollen. Zu 100 Prozent. Etwas verrückt zu sein, gibt Dir die notwendige Energie, nicht aufzugeben, dranzubleiben, und länger nach einer Lösung zu suchen, als es vernünftig erscheint. Kreiere eine Umgebung, die Deine Motivation hält und steigert (siehe S. 42).

3. Die Frage: „Wie geht es anders?“

Die entscheidende Programmierung erfolgt durch die Frage: Wie geht es anders? Du kannst „anders“ auch durch „schneller“, „moderner“, „neuer“ ersetzen, wenn es für Deinen Anwendungskontext besser passt, aber im Grunde geht es immer um das Thema „anders als bisher“.

Der japanische Begriff Ikigai bedeutet sinngemäß „das, wofür es sich zu leben lohnt" – vereinfacht gesagt: „Zufriedenheit". Ikigai ist möglich, wenn eigene Kompetenzen, persönliche Bedürfnisse, materielle Entlohnungen und das Erleben eines höheren Sinns im Einklang sind. Das ist ein Idealzustand – auch in Bezug auf Kreativität. Wirst Du im kreativen Prozess nicht glücklich, dann ist ziemlich sicher einer der Bereiche unterrepräsentiert. Wenn Du ihn identifizierst, dann hast Du eine Chance gegenzusteuern.

Hier sind ein paar Ableitungen aus dieser Erkenntnis:

- Kreation, Innovation und Change-Projekte, die die Welt nicht braucht oder die nicht „gerecht entlohnt" werden oder die die eigene Kompetenz überschreiten, machen auch den Leidenschaftlichen nicht glücklich.
- Wenn die Welt Deine Kreation liebt, Du aber nicht, wirst Du nicht glücklich.
- Wenn Die Welt Dich für Deine Kreation fürstlich belohnt, Du aber nicht mit Leidenschaft dabei bist, wirst Du nicht glücklich.
- Wenn Du etwas beherrschst, es aber nicht liebst, wirst Du unglücklich.
- Wenn Du etwas leidenschaftlich machst, es beherrschst und alle es lieben, aber es Dir kein Geld bringt, wirst Du nicht glücklich. (1)
- Wenn Du es leidenschaftlich machst, fürstlich entlohnt wirst und es Sinn stiftet, aber Du ganz andere Kompetenzen hast, wirst Du nicht glücklich. (2)
- Wenn Du es beherrschst, die Menschen es bezahlen und lieben, aber Du liebst es nicht, dann … seufz! (3)
- … und wenn es Deiner Leidenschaft entspringt, Deinen Kompetenzen entspricht und Geld bringt, aber völlig sinnlos ist, dann sieht es ebenfalls düster aus. (4)

Geht also Dein Feuer langsam aus, dann frage Dich: Was hat Dich entzündet, anzufangen?

Sinn-Los!

Die Sichtweise, dass Kreativität per se Heil verspricht, ist einigermaßen verklärend und höchstens eine Halbwahrheit. Wenn Du intensiver darüber meditieren möchtest, bist Du hier richtig.

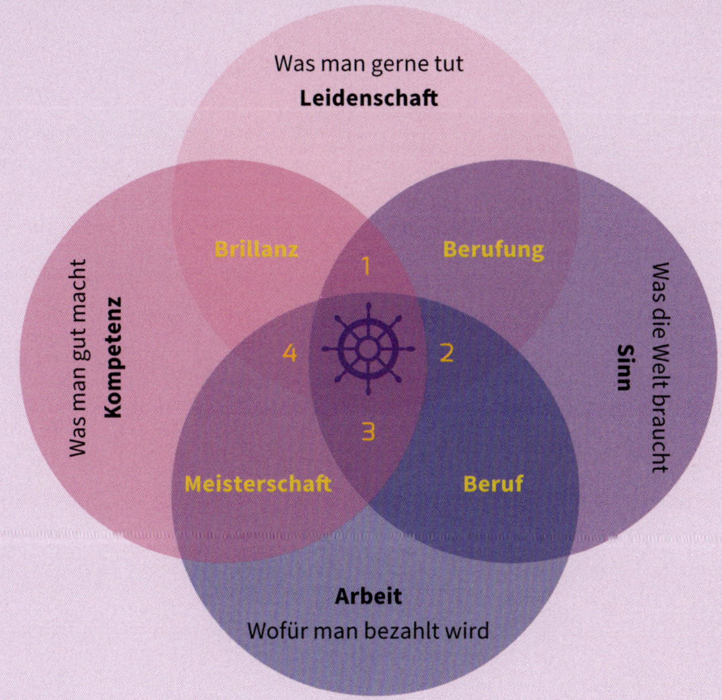

„Der Sinn fällt nicht vom Himmel,
er wird auch nicht von einer Religion gestiftet,
sondern ich selbst stifte Sinn,
indem ich mir mein Tun wichtig mache."

Reinhold Messner

Literaturtipps

Das Ikigai-Konzept ist im Internet in vielen Varianten zu finden. Ich habe mich bewusst für andere Begriffe entschieden als die, die üblicherweise im Modell verwendet werden, weil sie mir nach kritischer Reflexion treffender erschienen.

Zur Vertiefung der Sinn-Thematik mögen drei sehr unterschiedliche Bücher anregend sein:

Robinson, K. (2009). The Element. How Finding Your Passion Changes Everything. Penguin.

Frankfurt, H. G. (2016). Sich selbst ernst nehmen. Suhrkamp.

Frankl, V. E. (2018). … trotzdem Ja zum Leben sagen. Penguin.

Investigation

„Die beste Methode, eine gute Idee zu bekommen, ist viele Ideen zu haben!“

Linus Pauling

„Logik wird Dich von A nach B bringen, Phantasie, wohin Du willst.“

Albert Einstein

Prüfe, messe, skaliere

Schreibe auf, protokolliere, führe Buch

Arbeite nach Plan

Sei genau, hinterfrage kritisch

Halte Dich an die Regeln

Strukturiere Dein Handeln

Gehe konzentriert Schritt für Schritt vor

Definiere und systematisiere

Verbal denken

Logisch denken

Linear denken

Seitenwechsel im Kopf

Rechtshirnige Strategien und linkshirnige Strategien tragen auf ihre Weise zur Innovation bei. Entwickle beide Pole und ein Gefühl dafür, wann ein Wechsel hilfreich ist.

Ganzheitlich denken
Visuell denken
Räumlich denken

Nutze Bilder, Skizzen, Analogien

Arbeite an dem, wozu Du Lust hast

Ignoriere und breche die Regeln

Erlaube Dir Sprunghaftigkeit

Gehe auf Distanz, betrachte das Big Picture

Suche Verbindungen und Zusammenhänge

Bewege Dich beim Denken

Gehe intuitiv vor

Investigation gelingt viel besser, wenn Du voll und ganz in die kreative Arbeit eintauchen kannst. Hast Du nur stundenweise Zeit, kann Dein Thema Dein Denken nicht vollständig einnehmen. Aber je tiefer Du eindringst, desto wahrscheinlicher wird es, dass Du neue und unentdeckte Pfade findest. Je länger und je vollständiger Du Dich aus den Tagesroutinen ausklinken kannst, desto besser. Je mehr und je intensiver Dein Thema Dich besetzt, desto stärker fokussiert sich das Denken auf das kreative Projekt und Dein Unterbewusstsein wird aktiviert (siehe S. 45). Die Möglichkeit, Deinen kreativen Raum zu nutzen (siehe S. 43), multipliziert die Wirkung. Unterbrechungen verhindern hingegen, dass Gedanken sich ausbreiten und Assoziationsnetze sich bilden und entfalten können. Je ambitionierter Dein kreatives Projekt, je wichtiger der Change-Prozess und je komplexer das Innovationsprojekt, desto wichtiger wird es, in kreativen Sprints zu denken.
Die Idee der Sprints kommt aus der Software-Branche. Einige Grundannahmen kann man sinnvoll übertragen: Denke nicht in Stunden oder einzelnen Tagen, sondern plane mehrtägige Blöcke (idealerweise Kreativ-Wochen). Plane realistisch vorab, was Du in Deinem Kreativ-Sprint erarbeiten willst. Mache täglich Reviews, um Deine Zielannäherung evaluieren und die Planung anpassen zu können. Nutze gegebenenfalls Peers als Challenge für Deine Entwicklung. Und visualisiere gut sichtbar, was Du vorhast, was zu tun ist und was getan wurde. Dadurch wird Deine Wahrnehmung immer wieder punktgenau auf Dein Projekt zurückgeführt.

Kreative Sprints

Versuche, Dir große Zeitfenster für Deine kreative Arbeit zu reservieren. So kannst Du tiefer eintauchen und Fortschritte intensiver vorantreiben.

„When I'm doing a movie, I'm not doing anything else. It´s all about the movie."

Quentin Tarantino

Egal, wo Du kreativ unterwegs bist – ob Du an einer Innovation arbeitest oder ein Change-Projekt verfolgst: Eine Community gibt Dir mentale, emotionale und technisch-handwerkliche Unterstützung.

Wenn Musiker eine Band gründen und erste Auftritte machen, werden sie unwillkürlich Teil einer Szene, lernen Gleichgesinnte kennen, unterhalten sich und finden eine Community, in der sie Gedanken und Ideen teilen. Sie tauschen sich aus, geben und erhalten Tipps, lernen voneinander, begeistern sich an Informationen und Konzepten, auf die sie selbst nicht gekommen wären und bedanken sich mit Erkenntnissen, die sie sich selbst erarbeitet haben. Die Community vermittelt das Gefühl, nicht alleine zu sein, aufgehoben und auf einem richtigen Weg zu sein. Sie versorgt und stärkt einen, wenn man zweifelt, und ist Resonanzkörper für die Ideen und Vorstellungen, für die die breite Öffentlichkeit noch kein Ohr hat. Das gilt für jeden kreativen Bereich. Auf Maker Faires und in Fab Labs inspirieren und connecten Erfinder Erfinder. Innovatoren fühlen sich in In-Groups aufgehoben, wenn sie sich mit Kollegen austauschen können, die innerhalb der Organisation an eigenen, ganz anderen Projekten arbeiten, und Change-Agents atmen auf, wenn sie auf einem Kongress mit Kollegen ins Gespräch über Themen kommen, für die sie in der eigenen Organisation ungehört bleiben. Werde aktiv. Live oder digital. Du bist nicht der Einzige, der sich mit Deinem Thema beschäftigt.

Finde Deine Community

Menschen, die mit gleichen Fragen und Themen beschäftigt sind und Interessen teilen, befruchten sich gegenseitig. Finde einen Kreis von Menschen, die Dir eine geistige Heimat schenken.

„Encourage people to mangle, meet and communicate."

Ed Catmull

MENTAL

Austausch, Anregung, Insiderwissen

EMOTIONAL

Sicherheit, Stabilisierung, Zugehörigkeit

HANDWERK

Strategien, Tricks, Erfahrungen

STRATEGIE

Kompetente Kritik, Alternativen, Demut

„Wenn ein distinguierter erfahrener Wissenschaftler der Meinung ist, dass etwas möglich ist, dann hat er ziemlich sicher Recht. Wenn er meint, das etwas unmöglich ist, dann liegt er sehr wahrscheinlich falsch."
Arthur C. Clarke

„Probleme kann man niemals mit derselben Denkweise lösen, durch die sie entstanden sind."
Albert Einstein

Experten-Dilemma

Es ist unverzichtbar, das Wissen und die Erfahrung der Experten auf dem Gebiet zu nutzen. Und gleichzeitig ist es wichtig, den Expertenrat kritisch abzuwägen.

Um auf dem bereits Entdeckten aufzubauen, Fehler zu vermeiden und die Energie effektiv einzusetzen, liegt es nahe, den Rat von Experten einzuholen. Aber sie werden Dir möglicherweise beredt darlegen, warum Deine Idee nicht funktioniert. Sonst hätten sie oder andere Experten sie schon längst verwirklicht. Solltest Du also besser doch nicht mit Experten sprechen? Dann entgeht Dir die Chance, Tipps oder Einsichten von denen zu bekommen, die vielleicht ähnlich wie Du denken. Die Lösung dieses Dilemmas kann weder darin liegen, dass Du Experten meidest, noch, dass Du Dich voll und ganz auf ihr Urteil verlässt.

Experten sind die Verkörperung der geltenden Wahrheit und der geltenden Regeln. Sie haben möglicherweise auch ein Interesse, den Status quo zu erhalten. Sie beherrschen, was auf ihrem Feld zum Erfolg führt. Du bist aber auf einem Kurs, der die Grenzen überschreitet. Nur Experten mit ähnlichem Kurs sind offen für ketzerische Gedanken. Dein gesunder Menschenverstand sollte angeschaltet bleiben und sachlich begründete Einwände ernst nehmen, aber Werturteile und Spekulationen herausfiltern. Tipps von konservativen und sicherheitsorientierten Experten werden Dir eine Hilfe sein, um handwerkliche Fehler zu vermeiden. Tipps von progressiven Experten sind eine Navigationshilfe für das, was neu und ungewöhnlich ist. Du selbst musst Experte sein, wann Dein eigenes Urteil Priorität hat – wie der Mensch, der als Erster glaubte, dass die Erde eine Kugel ist.

„Das Große kommt nicht allein durch Impuls zustande, sondern ist eine Aneinanderkettung kleiner Dinge, die zu einem Ganzen vereint worden sind.“

Vincent van Gogh

Vielfalt bezüglich Informationen, Ideen und Einflüssen schafft bei der Investigation einen fruchtbaren Ausgangspunkt für Deine Arbeit. Das kannst Du systematisch angehen: Nutze Sachquellen und interagiere mit Menschen, lasse Einflüsse passiv auf Dich wirken und werde selbst aktiv. Diese beiden Dimensionen, die auch in der nebenstehenden Tabelle beschrieben sind, spannen ein weites Feld auf. Wenn Du Dich darin bewegst, sammelst Du sehr variationsreiche Informationen und Erfahrungen, die Dich in ihrer Fülle sehr viel reicher machen. Und wie auch an anderen Stellen in diesem Buch betont wird: Vielfalt ist ein Rezept – insbesondere bei der Investigation –, um innere Fülle zu generieren, aus der die kreative Arbeit sich nähren kann.

Wenn Du bereit bist, aus diesen unterschiedlichen Quellen zu schöpfen, solltest Du darauf achten, dass Dein Reflex zum raschen Urteil pausiert. Es ist natürlich, dass das, was Dir nicht sofort vertraut ist oder sogar Verunsicherung auslöst, von Deinem inneren Urteilssystem zügig aussortiert wird.

Bei kreativen Menschen kann man beobachten, eines ihrer besonderen Merkmale besteht genau darin, dass der innere Richter, der solche Selektionsfunktionen übernimmt, in den Hintergrund tritt, um erst einmal vorurteilsfrei vielfältige Informationen auf- und wahrzunehmen.

Nutze viele Quellen

Im Modus der Investigation ist ein reiches Quellmaterial die beste Basis für vielfältige Ideen. Und vielfältige Ideen sind die beste Voraussetzung, Zusammenhänge zu entdecken und zu verstehen.

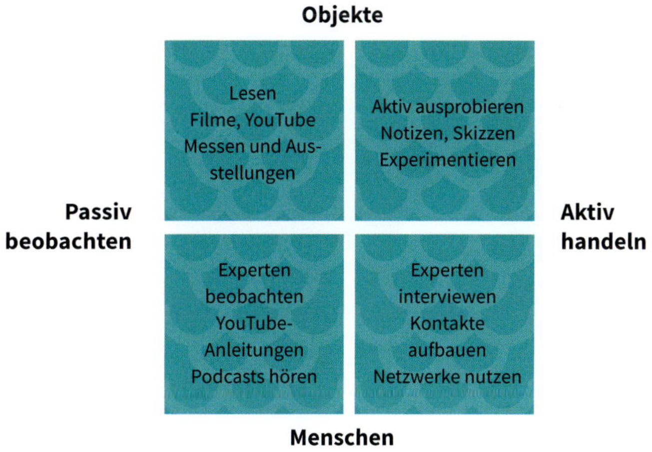

Formen der Aneignung wurden schon immer von Kreativen zur Inspiration genutzt, um daraus Eigenständiges zu schaffen. Historisch stand die Kopie in der Ausbildung sogar meist am Anfang vieler kreativer Karrieren. Im Louvre gab es im 18. Jahrhundert Wartelisten für Maler, die dort mit ihren Staffeleien das Publikum behinderten, als sie Meister wie Raffael kopierten. Degas, Manet, Matisse und Renoir sind nur einige, die als Kopisten begonnen haben. Mit der Verherrlichung des Geniekults in der Romantik änderte sich das kulturelle Mindset: Kopieren war out, aber nicht weg. Picasso meinte, dass schlechte Künstler kopieren und große stehlen.

Wenn Du nach dem Neuen in Kreation, Innovation und Change suchst, kannst Du Dich auf das romantische Ideal des aus sich selbst schöpfenden Genies stützen. Du kannst aber auch Techniken und Methoden der Vorbilder studieren. Das erweitert Dein Repertoire, Deine Ausdrucksmöglichkeiten und Deinen Horizont. Und Du ersparst Dir die Enttäuschung, ein Produkt für originell zu halten, das schon längst zum etablierten Kanon gehört. Innovatoren, die sich an dokumentierten Erfolgsgeschichten der Innovation orientieren und Change-Profis, die sich bewährter Change-Methoden bedienen, nennen das „Best Practice“ – und damit ist der Plagiatsvorwurf obsolet: Habe Mut, zu kopieren!

Copy and Paste

Kommen die neuen Ideen aus dem Nichts? Oder aus dem unendlichen Erfahrungs-Universum persönlicher Begegnungen, vielfältigem Medienkonsum und lebenslanger Erfahrungen?

Aneignung Potpourri Parodie Anklang Anleihe Raubkopie Fake Falsifikat Entlehnung Replik Nachbildung Kopie Appropriation Allegorie Plagiat Zitat Eklektizismus Nachahmung Fälschung Sampling Anlehnung Abklatsch Diebstahl Blending Inspiration Imitation Remix Reproduktion Collage Remake Assemblage Swipe Medley Hommage Aufguss

„I steal from every single movie ever made."

Quentin Tarantino

Literaturtipps

Die Unterscheidung von links- und rechtshirnigem Denken ist mittlerweile in die Umgangssprache übergegangen. Hier eine Quelle für die, die ihr Wissen vertiefen wollen:

Springer, S. P./Deutsch, G. (1998). Linkes/Rechtes Gehirn. Spektrum Akademischer Verlag.

Wer sich für das Sprint-Konzept interessiert, wie es im Unternehmenskontext üblicherweise eingesetzt wird, der wird hier ausführlich bedient:

Knapp, J. (2016). Sprint. How to solve big problems and test new ideas in just five days. Simon & Schuster.

Die kunsthistorischen Anekdoten stammen aus folgenden Kunstkatalogen:

Mensger, A. (2012). Déjà vu. Die Kunst der Wiederholung von Dürer bis YouTube. Staatliche Kunsthalle Karlsruhe. Kerber.

Deecke, T. (Hrsg.) (1999). Originale echt falsch. Nachahmung, Kopie, Zitat, Aneignung, Fälschung in der Gegenwartskunst. Neues Museum Weserburg Bremen.

Die Bedeutung des Kopierens am Beispiel Picassos in:

Gompertz, W. (2016). Denken wie ein Künstler. Wie Sie Ihr Leben kreativer machen. Dumont. S. 82-102.

Inkubation

„Meine ganze Kraft ist nichts als Ausdauer."

Louis Pasteur

Penicillin 1928 von Fleming entdeckt, weil zufällig Petrischale nicht abgedeckt, und zufällig Schimmel, der zufällig wirksam war, zufällig auf Bakterienkultur fiel

Post-it Notes: Ergebnis der Suche nach Superkleber. Supererfolgreich seit 1974

Daguerre entdeckte Fotografie 1835. Legte belichtete Platte zum Reinigen zufällig in Schublade, in der zufällig Quecksilber-Tropfen chemisch reagierten.

George deMestral entdeckte in 1950ern bei Spaziergang, dass Kletten an Jacke klebten und statt das lästig zu finden, versuchte er das Funktions-Prinzip zu verstehen. Es entstand der Klettverschluss

Isaac Newton stellt Gravitationsgesetzes 1687 vor. 20 Jahre zuvor: vorbereitende Gedanken dazu, als er Tee unter Apfelbaum trank und ein herabfallender Apfel Ihn nachdenklich machte

Viagra sollte Herzmuskel besser durchbluten, wirkte aber auch ‚südlicher'. Fiel auf, weil Patienten ganz scharf drauf waren (sic).

Watson & Crick: Nobelpreis 1962 für Entdeckung der DNA. Glück, dass Experten anderer Fakultäten zufällig im Umfeld arbeiteten und entscheidende Hilfen gaben

1857: alte Knochen und ein unförmiger Schädel bei Grabungen nahe Düsseldorf entdeckt. Vermutung: es handelt sich um einen alten Idiotenkopf, nicht um einen Verwandten des Menschen,...obwohl...

Weil Sonne nicht schien, vertagte Henry Becquerel Experiment. Er ließ Uran und belichtete Platte zufällig gemeinsam in Schublade liegen: Effekt führte zur Entdeckung spontaner Radioaktivität 1896

Alfred Nobel erlebt bei Experimenten mit Nitroglyzerin zahlreiche schlimme Unfälle,bis der Zufall ihm bei mehreren Entdeckungen in den 1870ern hilft, Sprengstoffe „beherrschbar" zu machen.

Zucker-Ersatzstoff Aspartam: 1965 entdeckt. J. Schlatter geraten in Experiment Spritzer einer Flüssigkeit auf Hand, die er zufällig mit Zunge befeuchtet, um Blatt Papier zu wenden....

Goethe hat vage Ideen zu seinem „Werther" im Kopf, die plötzlich Form gewinnen, als Freund Selbbstmord beging.

Kellogg-Brüder entdeckten Corn Flakes 1898 zufällig, weil einige vergessene Weizenkörner vertrockneten und durch eine Walze gepresst wurden

„Der Zufall begünstigt den vorbereiteten Geist."

Louis Pasteur

Serendipity

Erhöhe die Wahrscheinlichkeit neuer Einsichten, indem Du – nach intensiver Arbeit – neue, fremde, zufällige und ungewöhnliche Erfahrungen zulässt.

Serendipity bezeichnet glückliche und unerwartete Entdeckungen, die wie zufällig zustande kommen. Der Begriff grenzt sich also von rein zufälligen Entdeckungen ab, und von solchen, die durch strenge experimentelle Versuche systematisch erzielt werden. Er bringt zum Ausdruck, was Louis Pasteur gemeint hat: Man muss in der Lage sein, das zufällige Ereignis zu erkennen und zu deuten. Das gelingt Dir deutlich besser, wenn Du intensiv an einem Thema arbeitest, wenn Du Prozesse und Ergebnisse aufmerksam beobachtest, wenn Du hoch motiviert bist, eine Lösung für Deine Problemstellung zu finden, und wenn Du ein notwendiges Maß an Erkenntnisfähigkeit hast – was wahrscheinlich gegeben ist, wenn Du tief im Thema steckst. Um aber dem Zufall eine Chance zu geben, muss man das Unerwartete und Fremde zulassen. In der Sprache der Hirnforschung würde man sagen, dass das Gehirn im kreativen Lösungsprozess daran arbeitet, Muster zu vervollständigen. Befindet sich Dein Geist im Status der Inkubation, dann kannst Du ihn vorbereiten, frische Bezüge herzustellen, um offene kreative Lösungen zu finden.

Folgende vier Optionen erhöhen die Wahrscheinlichkeit, dass Perspektivwechsel entstehen:

- Komme mit neuen, fremden Menschen und Meinungen zusammen.
- Suche neue, unbekannte Orte auf, die frische Reize bieten.
- Beschäftige Dich mit Dingen, Objekten, Materialien, die Dir fremd sind.
- Beschäftige Dich mit Themen, Methoden oder Prozessen, die Du bisher nicht kanntest.

ER KÄMPFT SO SEHR DAMIT, EINIGE IDEEN AUFZUGEBEN...
WIR WISSEN BEIDE, DASS ES WICHTIG UND UNVERMEIDLICH IST,...
... UND AM ENDE BESSER!
ER WIRD ES LERNEN

Ideen verabschieden

Irgendwann kommt der Moment, in dem Du selektieren musst, welche Ideen Du wie umsetzt. Du kannst nicht alles haben und Du verzettelst Dich, wenn Du Parallelstrategien verfolgst.

„Nothing is more sad than the death of an illusion.“

Arthur Koestler

Reinhold Messner hat 30 Expeditionen für seine 14 erfolgreichen Achttausender-Besteigungen unternommen. Der Weg zum Erfolg macht Umwege. Schritt für Schritt nähert man sich an. Und die Erfahrungen, die bei jedem Schritt voran – und manchem zurück – gemacht werden, helfen, um beim Vorankommen besser und besser vorbereitet zu sein. Auch Walt Disney ging bei der Entwicklung der Mickey Mouse Schritt für Schritt vor. Ein erster Vorläufer der Comic-Ikone, die wir heute kennen, hieß Oswald. Sie war schon als Mickey Mouse erkennbar, war aber eigentlich ein Hase. An der Figur entwickelte Disney zunächst die Idee, dass eine tierische Figur menschliche Züge hat. Im Wechselspiel zwischen wirtschaftlichen Zwängen, Publikumsreaktionen und ästhetischen Ansprüchen entwickelte Disney Mickey über Jahre zu der Figur, die wir heute kennen.

Messner und Disney sind selbstverständlich sehr verschieden. Aber beide demonstrieren, dass Erfolg meist schrittweise erreicht wird. Wenn Du keinen explosiven Durchbruch erwartest, wird Inkubation viel leichter und Plateaus im Prozess werden erträglicher. Entwickle ein Gefühl dafür, geschmeidig zu pendeln zwischen systematischem Vorgehen und Zufall, zwischen Beschleunigung und Ausharren.

Step by Step by Step

Kreative Durchbrüche erreichst Du selten im ersten Schritt. Realistisch sind Phasenwechsel zwischen Planung und Zufall, Tempo und Verlangsamung. Lass Dich auf den Rhythmus ein.

„The really good idea is always traceable back quite a long way, often to a not very good idea which sparked off another idea that was only slightly better, which someone else misunderstood in such a way that they then said something which was really rather interesting."

John Cleese

	Langsam	Schnell
Systematisch	Schritt für Schritt Pausen einlegen Sortieren/ Strukturieren Prozesse reflektieren	Ergebnisorientiert Priorisierend Liste abarbeiten Zeit im Blick
Zufällig	Gefühlsgeleitet Auf Zufall einlassen Fremde Steuerung Auszeit	Neue Eindrücke Vielfältige Inputs Lustorientiert Medienkonsum

„Es gibt mehr Leute, die kapitulieren, als solche, die scheitern."
Henry Ford

Einzigartigkeit

Was ist besonders an Deinem Projekt?

Wie hebt es sich von anderen Projekten ab

Antrieb

Wozu tust Du es?

Welche Motivation treibt Dich an?

Das ursprüngliche Problem

Welches Problem willst Du lösen?

Was genau willst Du verändern?

Dein Manifest

Wenn die Beschäftigung mit Deinem Projekt viel Zeit beansprucht, wird Dein Enthusiasmus irgendwann nachlassen und Du wirst zweifeln. Dein Manifest rettet Dich in diesen Momenten.

Große Projekte, die über Wochen, Monate und noch länger andauern, haben auch entsprechend lange Inkubationsphasen. Sicher ist, dass die Motivation nicht konstant auf dem hohen Niveau bleibt. Anders als in Momenten der Initiation, in denen Dich eine fesselnde Fragestellung begeistert oder in Momenten der Illumination, in denen eine plötzliche Einsicht ein Hoch auslöst, stellt die Inkubationsphase eine Herausforderung an Deine Geduld dar. Wenn Du zu lange in diesem Modus verharrst, dann wachsen Zweifel, ob Deine anfängliche Idee wirklich so gut ist, wie Du einmal dachtest. Die Kritik könnte nagender werden, ob das, was bisher herausgekommen ist, überhaupt den Aufwand und die Energie rechtfertigt, die Du hineingesteckt hast.

Damit Du in dieser Phase nicht den Mut verlierst und vorzeitig das Handtuch wirfst, wird es Dir helfen, wenn Du so früh wie möglich Dein Manifest verfasst. Das Manifest hilft Dir, zu gegebenem Zeitpunkt einen Reset-Knopf drücken zu können, der Dich in den Ursprungszustand zurückversetzt, der Dich seinerzeit bewogen hat, das zu tun, was Dich hierhergeführt hat. Verfasse es schriftlich. Dann bist Du sicher, dass trübe Gedanken in der Inkubationsphase nicht zu trüben Urteilen führen.

Literaturtipps

Ausführlich und mit zahlreichen Beispielen zu Serendipity:
Roberts, R. M. (1989). Serendipity: Accidental Discoveries in Science. Wiley & Sons.

Die Hintergründe zu Reinhold Messner sind aus:
Messner, R. (2013). Berge versetzen. Risiko-Management in Perfektion. BLV.
Hintergründe über die Entwicklungsgeschichte der Mickey Mouse finden sich bei Wikipedia unter „Walt Disney".

10

Illumination

„The more original a discovery, the more obvious it seems afterwards."

Arthur Koestler

Das Tückische guter Einfälle ist, dass sie berauschend wirken. Hätschelt man sie, dann wachsen sie. Tut man das zu lange, dann wächst gleichzeitig auch die Angst vor der Verwirklichung, weil die Fallhöhe des harten Realitätschecks steigt. Wenn Du zum Perfektionismus neigst, wird Dir das bekannt vorkommen. Du scheust den Übergang zum Handeln, weil es immer noch etwas gibt, was vorab ergänzt oder überarbeitet oder überdacht werden sollte. Die Strategie bewahrt Dich vor dem Misserfolg, weil bisher ja alles nur in Deinem Kopf existiert – und ist gleichzeitig eine sichere Misserfolgs-Strategie, weil Sie Deinen Output sabotiert. Aber Output ist wichtig für Deine kreative Entwicklung (siehe S. 153).

„Wer zu viel Zeit mit Details verbringt, verläuft sich. Wer aber nur über das Gesamtbild nachdenkt, wird nichts erschaffen oder verknüpfen.“

Will Gompertz

Zeit- und Handlungspläne, die Dir Druck, aber keinen Stress machen, treiben die Verwirklichung voran. Insbesondere in revolutionären Prozessen werden sie allerdings meist von der Realität eingeholt und müssen verworfen, erneuert oder angepasst werden. Das ist normal und weder Grund zur Frustration noch ein Argument, auf sie zu verzichten. Im Gegenteil: Das Planen ist ein klärender Reflexionsprozess, um die Schöpfung voranzutreiben.

Von der Idee zur Tat

Verliebe Dich nicht so sehr in Deine Ideen, dass Du Angst bekommst, sie wirklich werden zu lassen. Mache die Idee in der Wirklichkeit groß, nicht im Kopf.

Die alten Vanitas-Darstellungen in der Kunst thematisieren Vergänglichkeit und Endlichkeit. Man kann darüber meditieren und sich klarmachen, dass jede Idee ihre Zeit hat und irgendwann von anderen Ideen überholt wird und auch Deine produktive Zeit vergänglich ist. Die Illumination schenkt Dir eine glänzende Idee, aber sie muss auch umgesetzt werden, und das bedeutet harte Arbeit. Thomas Alva Edisons Satz, dass Kreativität 10 Prozent Inspiration und 90 Prozent Transpiration ist, bringt das unübertroffen auf den Punkt. Kreatives Fantasieren, Tagträumen, Ideen spinnen und verrückte Einfälle mögen unterhaltsam sein, aber zum kreativen Erfolg gehört eben nicht nur die Idee, sondern auch die Umsetzung – Denken und Handeln müssen einander ergänzen. Denken gebiert Ideen und Theorien, Erfahrung hingegen ist die Frucht des Handelns. Du brauchst beides, also solltest Du loslegen.

Beginne früh mit der Umsetzung einer Idee in die Tat. Wenn Dir die Bedeutung der harten Arbeit klar ist, dann wirst Du rasch feststellen, dass auch die Illumination, ein Kind der Tat ist. Viele neue Ideen entstehen erst während des Tuns und im Prozess. Das mag etwas quälend klingen, aber eigentlich geht es darum, nicht bei der Illumination zu verharren. Auch die übrigen fünf Aspekte im kreativen Prozess (siehe S. 83) können und sollten lustvoll und spielerisch werden – Du investierst schließlich Deine Zeit und Deine Energie. Denk an die Vanitas-Darstellungen!

„Alles, was sich zu lange hinschleppt, ehe es zu etwas nur irgend Sichtbarem wird, verliert an Interesse.“

Wilhelm von Humboldt

Fang an!

Eine gute Idee ist nur der Anfang.
Warte nicht zu lange, bis Du mit der Umsetzung beginnst.
Erfolg ist ein Produkt von Denken und Handeln.

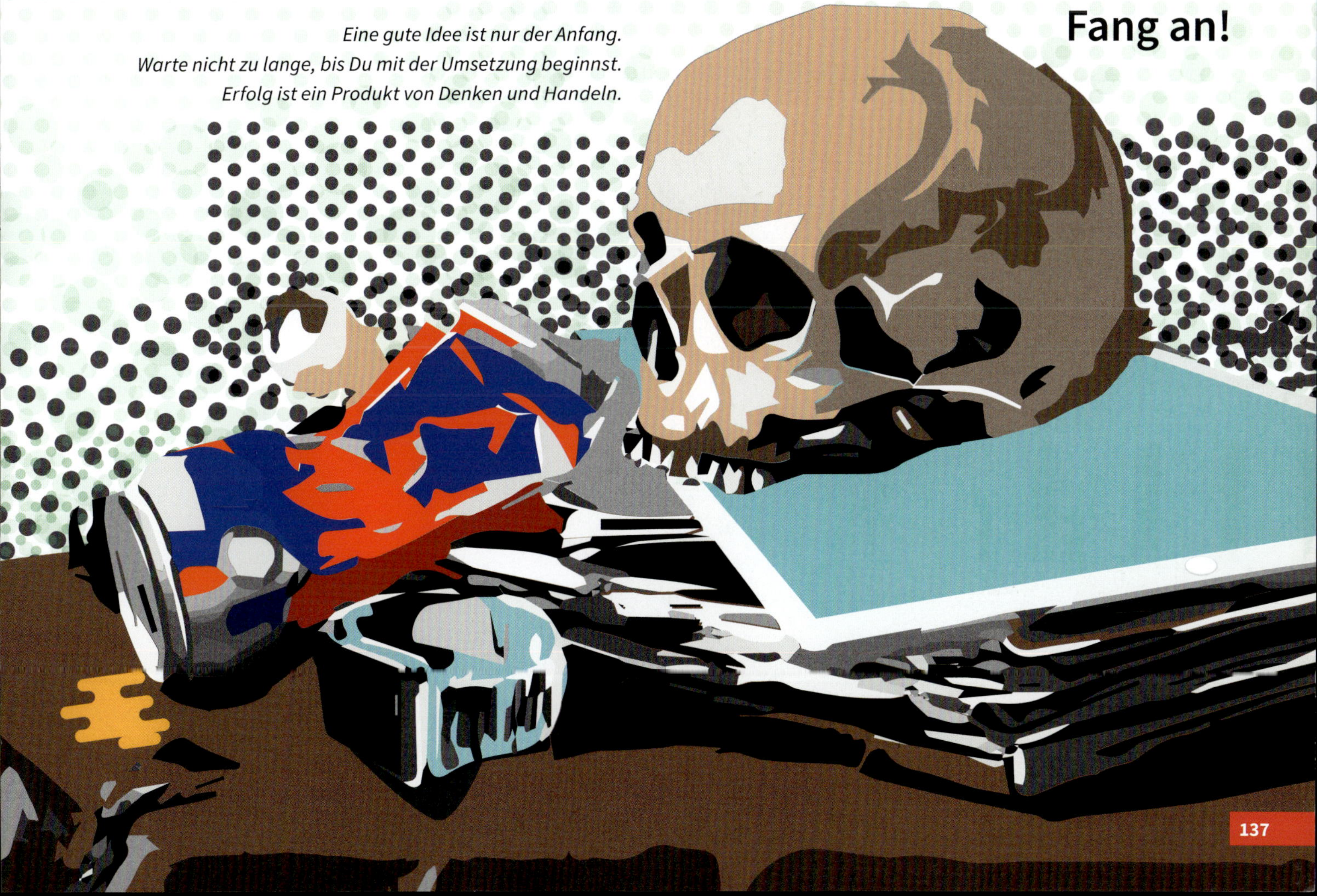

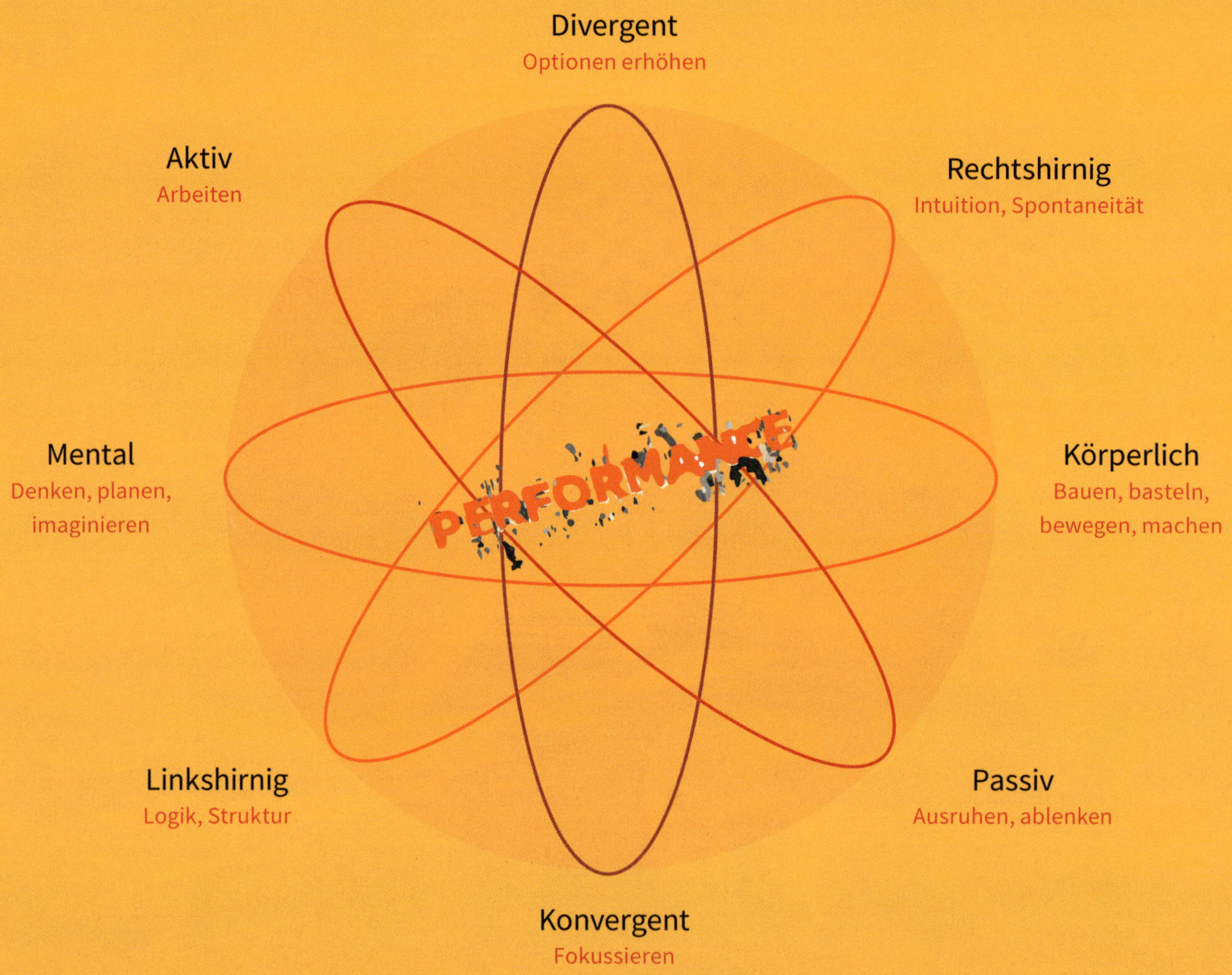
Divergent
Optionen erhöhen
Aktiv
Arbeiten
Rechtshirnig
Intuition, Spontaneität
Mental
Denken, planen, imaginieren
PERFORMANCE
Körperlich
Bauen, basteln, bewegen, machen
Linkshirnig
Logik, Struktur
Passiv
Ausruhen, ablenken
Konvergent
Fokussieren

Push and Release

Neue Einfälle bekommst Du eher, wenn Du arbeitest, als wenn Du träumst. Die Kunst besteht darin, Phasen der Stagnation zu nutzen, um den Wechsel der Arbeitsstrategie vorzunehmen.

„Warte nicht auf die Inspiration. Sie kommt, während Du arbeitest.“

Henry Matisse

Wilhelm Röntgen stieß bei seinen Untersuchungen zum elektrischen Strom scheinbar zufällig auf das, was wir heute Röntgenstrahlen nennen. Zufällig? Vielleicht nicht ganz. Röntgen experimentierte viel, fleißig und systematisch. Er suchte nach etwas Außergewöhnlichem. Diese Bedingungen sind bestens dafür geeignet, dem Zufall eine Chance zu geben. Er war auch ein aufmerksamer Beobachter und deshalb entging ihm nicht, dass er unbeabsichtigt ein spezielles Papier zum Leuchten brachte. Er folgte der Fährte und erarbeitete dann akribisch und zielorientiert seine Erkenntnisse zu dem, was er X-Strahlen nannte. Wenige Wochen später konnte er 1895 vor einem fassungslosen Publikum seine Ergebnisse präsentieren.

Röntgens Vorgehen demonstriert exemplarisch das Oszillieren zwischen verschiedenen Polen: zwischen rechtshirnigen und linkshirnigen Strategien (siehe S. 111), zwischen Divergieren und Konvergieren (siehe S. 77), zwischen aktiven und passiven Phasen und zwischen harter Arbeit und entspannender Auszeit. Entscheidend: Es ist egal, wo Du gerade unterwegs bist. Mach einfach so lange weiter, bis Du merkst, dass Du stockst. Das ist der Moment, an dem Du den Pol wechselst und Strategien des Gegenpols zum Einsatz bringst. Es ist das Push-and-Release-Prinzip. Du bleibst immer in einem Pol aktiv. Wenn die Produktivität nachlässt, dann wird es Zeit für den Strategiewechsel.

„We always overestimate the change that will occur in the next two years and underestimate the change that will occur in the next ten. Don't let yourself be lulled into inaction.“

Bill Gates

Manche Menschen kennen produktive Träume. Insbesondere die Zeit kurz vor dem Aufwachen ist fruchtbar. Lege einen Notizblock bereit, um die flüchtigen Gedanken festzuhalten.

Manche Menschen kommen unter der Dusche oder beim Vollbad entspannt zu neuen Gedanken. Lege einen Notizblock und einen Bleistift bereit, denn der lässt sich auch durch Feuchtigkeit nicht bremsen.

Der Perspektivwechsel im Urlaub oder bei einem Ausflug hilft manchen Menschen, ihr Problem in neuem Licht zu sehen. Schicke Dir die Erkenntnis als Mail, dann wartet Sie bei Deiner Rückkehr.

Pforten der Erleuchtung

Die beglückenden Momente der Illumination treten mit bemerkenswerter Häufigkeit dann auf, wenn Menschen entspannt und abgelenkt sind. Welche der fünf Pforten ist Dein Glückstor?

Bummeln

Faulenzen und Nichts-tun sind manchmal deutlich produktiver als man denkt. Dein Gehirn kann sich endlich vom Stress erholen und Dir die Lösung in Ruhe ausarbeiten und präsentieren.

Bewegung

Joggen, Spazieren, Wandern – körperliche Aktivität bringt das Blut in den Muskeln in Bewegung, aber auch im Gehirn. Wenn Die Idee kommt, nutze die Diktierfunktion des Smartphones.

Wenn alles getan, alles gedacht, alles versucht wurde und, und … und Du nicht weiterkommst, dann braucht die Erleuchtung eine Chance. Um ihr den Eintritt leicht zu machen, musst Du ihr eine Türe öffnen. Welche, und wie geht das? Archimedes hatte die Einsicht, wie Gold von gestreckten Legierungen unterschieden werden kann, in der Badewanne. Der Mathematiker Henri Poincaré und auch Mozart hatten Einfälle beim Reisen. Dem Chemiker August Kekulé kam die Idee der Ringstruktur von Benzol im Traum. Wenn man Berichte studiert, dann tauchen fünf Tore der Erkenntnis immer wieder auf: Bad, Bett, Bewegung, Bummeln und Betriebsferien sind die Türen, durch die die Inspiration eintritt. Das gemeinsame Merkmal der fünf Tore ist, dass sie entspannte Zustände darstellen. Unter der Voraussetzung sehr intensiver, langanhaltender Arbeit über mehrere Tage bis Wochen stellt der plötzliche Wechsel in einen gelösten Zustand die optimale Voraussetzung her, damit ein Problem gelöst wird. Kennst Du die Tür, durch die Du am häufigsten besucht wirst?

Literaturtipps

Die folgenden Bücher sind praktische Ratgeber für die Übersetzung von Ideen in die Tat:

Belsky, S. (2012). Making ideas happen. Overcoming the Obstacles Between Vision and Reality. Penguin.

Duhigg, C. (2017). Smarter, schneller, besser: Warum manche Menschen so viel erledigt bekommen – und andere nicht. Redline.

Wiseman, R. (2013). Machen, nicht denken! Die radikal einfache Idee, die Ihr Leben verändert. Fischer.

11

Inkarnation

„Keine plötzliche Inspiration kann die langen Jahre intensiver Arbeit ersetzen, die notwendig sind, um das Auge zu trainieren, das Offensichtliche zu sehen.“

Auguste Rodin

PROTOTYPING

Modelle, Skizzen, vereinfachte Prototypen etc. sind reale Vorentwürfe, an denen sich Deine Idee viel besser weiterentwickeln lässt als nur im Kopf.

TESTING

Ziele nicht auf perfekte Ergebnisse, sondern teste früh Zwischenergebnisse der Arbeit. So kannst Du Dein Vorgehen effektiv nachjustieren.

ZIELGRUPPENFOKUS

Versichere Dich zyklisch, ob Du Dein Erwartungsprofil im Blick behältst (siehe S. 29).

ITERATION

Handeln – Testen – Verbessern:
Arbeite Dich schrittweise dem Ziel entgegen.

Design Thinking ist ein Set von Methoden, mit dem Designer kreative Lösungen für ihre Kunden erarbeiten. Viele dieser Methoden haben mittlerweile unternehmerische Innovations- und Change-Prozesse befruchtet und frischen Wind in diese Ansätze gebracht. Da Designer stringent und zielorientiert arbeiten müssen, um ihren Kunden termintreu überzeugende kreative Lösungen vorzustellen, haben sie einerseits ein professionelles Interesse an effizienten Prozessen und andererseits profunde Erfahrung im kreativen Arbeiten. Insbesondere die Haltung, mit der im Design Thinking gearbeitet wird, hilft Dir weiter, auch Deinen kreativen Prozess effizienter zu gestalten. Dies gilt besonders dann, wenn Du potenzielle Abnehmer oder Anwender begeistern willst.

Thinking Design Thinking

Einige Prinzipien des Design Thinking helfen, Deine Idee so aufzubereiten, dass sie auch Resonanz entwickelt – falls Du das anstrebst.

„Das Einfache kompliziert zu machen, ist alltäglich; das Komplizierte einfach zu machen, schrecklich einfach, das ist Kreativität.“

Charles Mingus

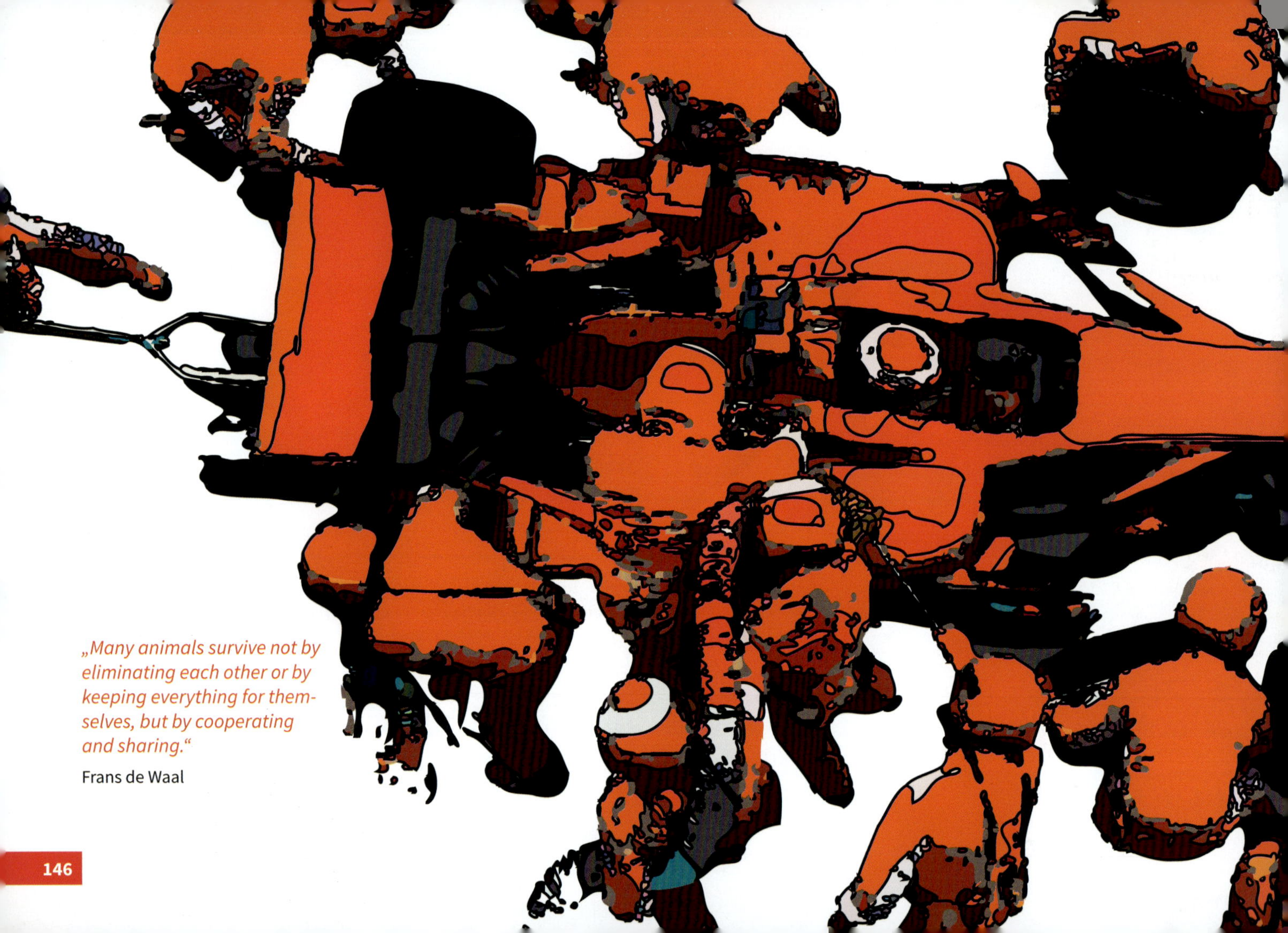

„Many animals survive not by eliminating each other or by keeping everything for themselves, but by cooperating and sharing.“

Frans de Waal

Finde Mitstreiter

Um Deine Idee in die Welt hinauszutragen, sind andere Menschen vielleicht besser geeignet als Du, der sie entwickelt hat. Finde Mitstreiter, sodass ihr gegenseitig voneinander profitiert.

Mitstreiter sind die Menschen, die ein legitimes egoistisches Eigeninteresse daran haben, dass Deine Idee fliegt – ganz einfach, weil sie selbst auch davon profitieren. Sie bringen *ergänzende* Kompetenzen zur Verwirklichung Deiner Idee ein. Komplementäre Kompetenzen sind: Netzwerker, Verkäufer, Mentoren, Finanzierer, erfahrene Berater, Handwerker, Unternehmer. Bedient euch einander. Der weltbeste Rennfahrer kann mit seinem Fahrzeug nur als weltbester Rennfahrer ins Ziel donnern, wenn viele Experten als weltbestes Team zusammenarbeiten. So funktioniert die beste Welt.

Im kreativen Prozess erfüllt die Community einen inhaltlichen und emotionalen Mehrwert. Mitstreiter sind hingegen wirtschaftliche Mitkämpfer. Manchmal sind beide deckungsgleich. Aber es verschafft Dir mehr innere Klarheit, wenn Du zu trennen weißt, ob jemand zu Deiner Community gehört oder ein Mitstreiter ist. Geklärte Erwartungen führen dann auch zu mehr Klarheit im Umgang miteinander. Mitstreiter müssen einen Vorteil haben, um zu helfen. Ihr Engagement hängt davon ab, dass Du bereit bist, etwas abzugeben. Sei nicht geizig. Es gilt: „Wir“ statt „Ich“.

Steve DeVore stellt im Lernprogramm „The Neuropsychology of Achievement" dar, dass *Erfolgreiche* ausgesprochen lebendig und detailreich über ihre Ziele, Hoffnungen, Bestrebungen berichten, während sie über die Fehlschläge in ihrem Leben deutlich eindimensionaler, abstrakter und inhaltsleerer berichten. Facettenreicher sind sie allerdings wieder, sobald sie darüber berichten, was sie aus Misserfolgen gelernt haben. Bei *Leistungsschwachen* kehrt sich dieses Muster um: In Bezug auf ihre Ziele, Visionen, Hoffnungen sind sie abstrakt und eindimensional („Ich will erfolgreich sein"), sie geben auch auf Nachfragen nur Allgemeinplätze wieder und bleiben wenig überzeugend. Sobald sie ihre Rückschläge und Ängste schildern, werden sie hingegen lebendig und mitreißend. Das Muster ist in der Grafik dargestellt. Es legt nahe, wie einflussreich die Aspekte sind, auf die Du Dich fokussierst. Fehler und Rückschläge sind unvermeidlich. Sind sie es, die Deine Lebenssäfte zirkulieren lassen – oder sind es Deine Ziele?

Gipfelstürmer-Fokus

Fehler machen weniger Spass als Erfolge. Aber sei ehrlich: Was hat Deine Entwicklung mehr vorangetrieben? Fokussiere Deine Vision und lerne aus Deinen Fehlern.

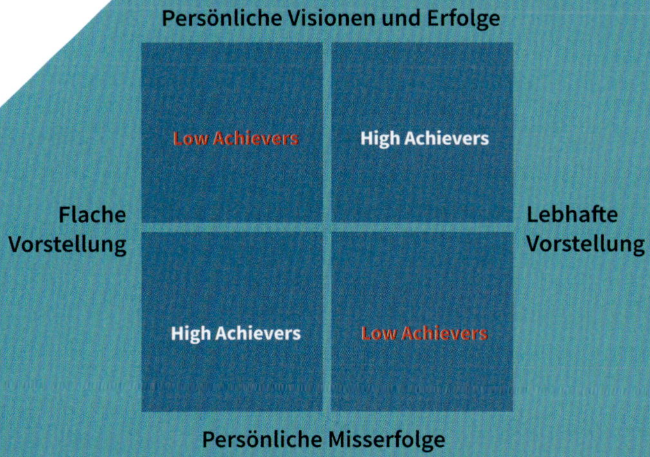

„Meine Kraft schöpfe ich aus meinen Ideen für die Zukunft, nicht aus den Leistungen, die hinter mir liegen.“

Reinhold Messner

„Wenn Sie erfolgreich werden wollen, müssen Sie Ihre Fehlerrate verdoppeln.“

Henry Ford

Einsatz vs. Talent

Wenn Talent und Fleiß sich treffen, entsteht etwas Großartiges.
Aber Talent ist ein Geschenk – Fleiß liegt an Dir.
Und mit Fleiß kannst Du Schwächen im Talent gut ausgleichen.

Die Psychologin Carol Dweck unterscheidet auf der Basis ihrer Forschungen zwei innere Haltungen: Menschen mit einem „Fixed Mindset" gehen von der Annahme aus, dass angeborene *Talente* den Erfolg bestimmen. Folglich ist ein Misserfolg immer eine Aussage über mangelndes Talent – und deshalb eine Bedrohung für den Selbstwert. Menschen mit einem „Growth Mindset" beurteilen Erfolg und Misserfolg aus der Perspektive von *Kompetenz und Einsatz*. Für sie bedeutet ein Misserfolg, dass sie sich unabhängig von ihrem Talent entweder nicht ausreichend eingesetzt haben oder aufgrund mangelnder Kompetenzen einen Lernbedarf haben. Ein Growth Mindset erlaubt einen deutlich entspannteren Umgang mit Fehlern. Es erlaubt deren offene Annahme sowie die Analyse und Ableitung von Konsequenzen bezüglich des eigenen Lernbedarfs. Mit einem Fixed Mindset hingegen steigt die Neigung, Fehler zu leugnen und per se Situationen zu meiden, in denen man Fehler machen könnte. Mindsets werden früh geprägt, aber ein Growth Mindset ist erlernbar, wenn man bereit ist, seine *Persönlichkeit* – und nicht nur kreative *Techniken* – weiterzuentwickeln. Der Lohn ist eine erheblich steilere Lernkurve. Sieh Fehler im kreativen Prozess als Lernchance, nicht als Bewertung Deines Talents. Nur so kannst Du die Idee des „Fail Fast Forward", also schneller Lernschleifen, wirklich nutzen.

„Everyone has a risk muscle. You keep it in shape by trying new things. If you don't, it atrophies. Make a point of using it at least once a day.“

Roger von Oech

Der Kreativitätsforscher Robert Weisberg schreibt, dass Freud in 45 Jahren 330 Schriften verfasste, Picasso in 75 Jahren mehrere 1.000 Werke schuf, Einstein 248 Veröffentlichungen in 53 Jahren und Darwin 119 in 51 Jahren machte. Bemerkenswert ist, dass die Zahl der Werke und das, was die meisten Menschen davon kennen, in einem eklatanten Gegensatz stehen. Jeder kennt die erwähnten Personen, aber sie stehen in der Regel für einen, vielleicht zwei Gedanken. Statistisch lässt sich auf fast allen Gebieten nachweisen, dass es immer wenige sind, die sehr viel produzieren und viele, die sehr wenig produzieren. Aber in der Regel sind die, die viel produzieren, auf ihrem Gebiet auch am einflussreichsten. Man kann nicht einfach entscheiden, dass man viel produziert, denn es müssen ja auch Ideen vorhanden sein. Und wenn man viel produziert, ist das auch keine Garantie für den Erfolg, denn diesen kann man ja nicht alleine aushandeln (siehe S. 157 und S. 165). Aber ganz wertlos ist die Erkenntnis auch nicht, dass Kreativität offensichtlich Kreativität kreiert, denn sie ist eine Aufforderung, stärker auf Quantität zu setzen.

Kreativität kreiert Kreativität

Es gibt einige Argumente dafür, im Verhältnis von Qualität und Quantität in der kreativen Produktion nicht einseitig auf die Qualitäts-Seite zu setzen. Mehr, viel mehr zu produzieren, hat einige Vorteile.

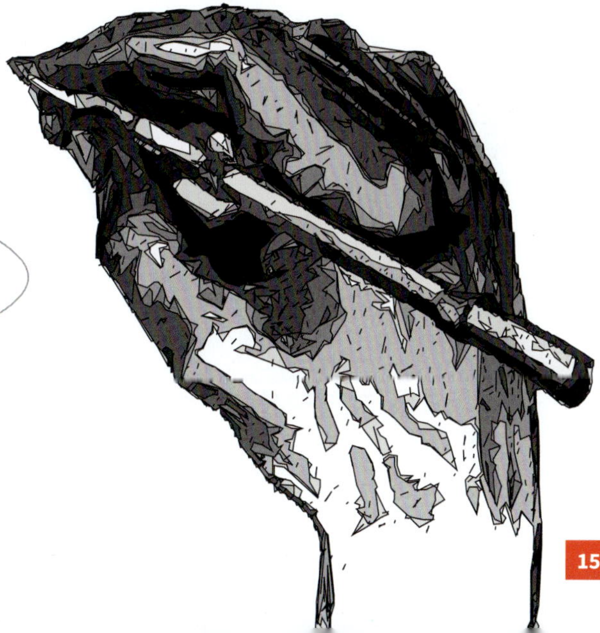

Hierzu einige Denkanstöße zum Thema Produktivität:

- Viel zu produzieren erhöht die Chance, wahrgenommen zu werden.
- Viel zu produzieren erhöht die Lernmöglichkeiten – und damit die Chance, besser zu werden.
- Viel vom selben zu produzieren, suggeriert Expertise.
- Viel zu produzieren erhöht die Wahrscheinlichkeit, Vielfalt zu produzieren.
- Viel zu produzieren erhöht die Wahrscheinlichkeit, auf etwas Besonderes zu stoßen.

Literaturtipps

Zum Design Thinking ein umfangreicher grafisch gestalteter Reader:
Lewrick, M./Link, P./Leifer, L. (2018). Das Design Thinking Playbook. Vahlen.

Ausführliche Erkenntnisse zum Growth Mindset sind in folgendem empfehlenswerten Buch zu finden:
Dweck, C. S. (2006). Mindset. Ballantine Books.

Das Beispiel der Erkenntnisse von Steve DeVore stammt aus:
Ray, M./Myers, R. (1986). Creativity in business. Broadway Books.

Die Begründung und die Zahlen für eine hohe Produktivität sind aus:
Weisberg, R. W. (1989). Kreativität und Begabung. Was wir mit Mozart, Einstein und Picasso gemeinsam haben. Spektrum der Wissenschaft.

12

Die Welt und Dein kreatives Produkt

„If you wait for opportunities to occur, you will be one of the crowd."

Edward de Bono

„Tradition is a very powerful force."

John Kotter

In der Kunstgeschichte wurden die Namen für „Ismen" wie Impressionismus, Fauvismus etc. zunächst fast immer abwertend gebraucht. Um Neugier zu wecken und Ablehnung zu vermeiden, muss Deine Schöpfung also durchaus Wiedererkennung auslösen und in gewisser Weise konventionell sein. Übertreibst Du dabei, dann löst Du allerdings nur noch ein Gähnen aus. Eine Gratwanderung also.

Aber wer sind die Leute, die das beurteilen? Early Adopters, Menschen, die sehr offen für Neues sind, kommen zu einem ganz anderen Urteil als Late Adopters, Menschen, die Neues erst dann annehmen, wenn es von der Mehrheit akzeptiert ist. Als Innovator bist Du automatisch ganz vorne dabei, die Mehrheit Deines Publikums wird es wahrscheinlich nicht sein. Aber auch diese Aussage ist zu allgemein, weil allein Du entscheidest, wem und wann Du Dein Produkt zeigst. Eine Entscheidung, die also kalkuliert sein sollte. Man geht davon aus, dass die Offenheit für Neues normalverteilt ist: 16 Prozent reagieren auf Neues sofort positiv, 34 Prozent reagieren vorsichtiger, aber fungieren immer noch als Vorreiter. Weitere 34 Prozent sind grundsätzlich skeptisch und bleiben es, bis das Neue zur Norm und unvermeidbar geworden ist. Am äußeren Ende gibt es dann noch die Verweigerer, die Neuerungen konsequent ablehnen. Kairos nennt man diesen „richtigen Zeitpunkt", an dem alles passt: wenn Dein kreatives Ergebnis also zum richtigen Zeitpunkt am richtigen Ort auf die richtige Zielgruppe trifft. Etwas zufällig ist das, aber auch etwas kalkulierbar.

Regeln des Marktes

Du magst Deine kreative Schöpfung für großartig und überwältigend halten, aber ob Sie auch bei anderen auf Resonanz stößt, ist von einem komplexen Zusammenspiel vieler Variablen abhängig.

KASSE

Ein paar Punkte, die den Marketing-Switch in Deinem Kopf anregen könnten:

- Das Besondere Deiner Schöpfung ist unwichtig – es muss erst *Aufmerksamkeit* erhalten.
- Dein kreatives Produkt spricht nicht für sich – es muss dem erklärt werden, der es kaufen soll.
- Was Du an Deiner Kreation schätzt, ist unwichtig – Kunden suchen ihren *Vorteil* und *Nutzen*.
- Zwischen Dir und dem Käufer geht es nicht um Deine Interessen – es geht um *seine Interessen*.
- Sachliche Argumente sind die Oberfläche – aber entscheidend ist *emotionale* Überzeugungskraft.
- Es geht nicht darum, ob jemand Dein Produkt *mag* – es geht darum, ob er es *kauft*.
- Warte nicht, bis Dein Produkt entdeckt wird – bringe es aktiv dahin, wo es entdeckt werden kann.
- Du warst gut darin, es zu *erschaffen* – vielleicht sind andere besser darin, es zu *verkaufen*.

„Don´t let the secret recipe die with the inventor."

Nathan Myhrvold

Marketing

Originalität und Funktionalität bestimmten den kreativen Prozess. Sollen Deine Ergebnisse in der Welt etwas bewegen, dann brauchst Du einen Marketing-Switch in Deinem Mindset.

Da Du Dich in der Sphäre des Kreativen bewegst, wird Dein Produkt oder Deine Dienstleistung sich ziemlich sicher vom Mainstream abheben – so viel ist bereits gewonnen, und das ist ein wichtiges Verkaufsargument, wenn Du Dich von Wettbewerbern abheben willst. „Verkauf", „Wettbewerb" – Du merkst, hier geht es um ein Mindset, das sich etwas von dem unterscheidet, das Du bisher im kreativen Prozess nutzen konntest. Wenn es Dir nicht nur darum geht, Deinen ganz persönlichen Kreativ-Trip zu verwirklichen (siehe S. 29), sondern Deine Ergebnisse auch am „Markt" zu „vertreiben" und dabei vielleicht etwas „Profit" zu machen, dann stehst Du spätestens nach der Inkarnation vor der Herausforderung, einen Switch in Deinem Mindset einzuleiten. Ohne etwas Marketing-Denken stirbst Du vielleicht als unerkanntes Genie. Lass Dir die nebenstehenden Gedanken einfach durch den Kopf gehen und entscheide selbst.

Der Abenteurer Sir Ernest Shackleton hat zu Beginn des zwanzigsten Jahrhunderts mehrfach versucht, den Südpol als Erster zu erreichen. Er ist größte finanzielle und persönliche Risiken eingegangen – und gescheitert. Roald Amundsen war 1911 der erfolgreiche Polbezwinger. Shackleton plante ein noch größeres Abenteuer: Die Durchquerung dieses Kontinents auf rund 1.500 Kilometern. Noch bevor es richtig losging, sank das Schiff im Packeis und das Leben der gesamten Mannschaft schien verloren. Aber aufgrund beherzter Entscheidungen, klarer Ziele und einer Mission gelang ihm eine legendäre Rettung. Die Lernerfahrungen aus all seinen vorausgegangenen Fehlversuchen waren eine wesentliche Voraussetzung dafür. Das Scheitern raubte ihm nicht dem Mut, sondern versorgte ihn mit Erfahrungen und der Chance zu Wachstum und Veränderung. So wurde er erfolgreich, als es wirklich darauf ankam, Menschenleben zu retten, auch wenn ihm viele andere Ziele verwehrt blieben.
Erkenntnisse der Resilienzforschung (siehe rechte Seite) helfen, wenn Du kreatives Neuland entdecken willst. Es ist immer ein Abenteuer, bei dem Du in Kontakt mit einer unkalkulierbaren Natur kommst und Rückschläge fast unvermeidlich sind.

„Why do I talk about the benefits of failure? Simply because failure meant a stripping away of the inessential."

J. K. Rowling

Rückmeldung statt Rückschlag

Wenn Du Dich auf den kreativen Prozess einlässt, ist das Risiko des Scheiterns immer gegeben. Wenn Du Dich wirklich darauf einlassen kannst, dann ist das Scheitern genauso erlaubt wie der Erfolg.

Nimm den Misserfolg an

Misserfolg, Fehlversuche und Ablehnung sind wahrscheinlicher als Erfolg.

Denke lösungsorientiert

Trauere, aber dann geh weiter: Was kannst Du beeinflussen? Wie kannst Du weitermachen?

Geh unter Menschen

Suche Austausch, Unterstützung und auch Ablenkung im sozialen Umfeld.

Vermeide Selbstmitleid

Schuldgefühle, Vorwürfe oder Anklagen helfen nicht weiter. Sei kein Opfer. Mach weiter.

Kalkuliere das Scheitern ein

Scheitern ist menschlich. Plane, wie Du damit umgehen willst, bevor es passiert.

Bleib ein realistischer Träumer

Glaub an Deine Idee, aber sei auch Realist genug und kalkuliere die Erfolgsaussichten.

Dem Soziologen Robert K. Merton ist bei seinen wissenschaftlichen Untersuchungen aufgefallen, dass bekannte Wissenschaftler häufiger zitiert werden als weniger bekannte. Die Bevorzugung fördert wiederum deren Bekanntheit und multipliziert ihren Einfluss im Sinne einer positiven Selbstverstärkung. Der neue Roman eines Erfolgsautors wird schon als Bestseller gehandelt, bevor er erscheint, und die Meinung eines Prominenten wird zu solchen Themen gefragt, in denen er sich nie als Experte profiliert hat. Das Phänomen lässt sich übertragen – und Du triffst es auch in diesem Buch an: Die Zitate, die ausgewählt wurden, stammen ausnahmslos von Prominenten. Vielleicht haben andere Treffenderes oder Geistreicheres gesagt, aber ich hätte es entweder nicht gefunden oder mich trotzdem für jemanden entschieden, der einen Namen hat.
Da innovative oder gar disruptive Ideen verunsichern, weil man nicht weiß, ob sie Potenzial besitzen oder nur eine verrückte Luftnummer sind, ist das Risiko besonders hoch, auf das falsche Pferd zu setzen. Der Beurteilende kauft sich mit der Prominenz zumindest die Sicherheit ein, dass der Name etwas wert ist, auch wenn er sein Produkt nicht einschätzen kann. Genau das verstärkt den Matthäus-Effekt. Die wirklich originelle und neue Idee steht also immer im Wettbewerb mit der Bekanntheit der Person, die gegen sie antritt, und nicht mit der Originalität ihrer Idee. Der Ruf und der Erfolg, den Du Dir erarbeitest, arbeiten ebenfalls – und wahrscheinlich viel stärker – für Dich.

Matthäus-Effekt

Popularität und kreative Leistung stehen im Wettbewerb. Wer bereits bekannt ist, wird schon allein deshalb mehr Aufmerksamkeit erlangen – unabhängig von seiner Leistung.

„Denn wer da hat, dem wird gegeben werden, dass er die Fülle habe; wer aber nicht hat, dem wird auch das genommen, was er hat.“

Matthäus 25:29

„Wir haben weder ewige Verbündete noch ewige Feinde. Wir haben nur dauerhafte Interessen."

Gaius Julius Cäsar

INTERESSEN-ARENA

... manchmal hat auch die beste Idee keine Chance.

Eine revolutionäre Idee, die Einfluss untergräbt, etablierte und anerkannte Überzeugungen ad absurdum führt, Arbeitsplätze oder begehrte Funktionen infrage stellt, mobilisiert Widerstände derer, die vom Status quo profitieren. Mit Deinem kreativen Vorschlag dringst Du immer in ein Feld existierender Machtinteressen ein. Ablehnung richtet sich nicht nur gegen Ideen.

„Wer eine neue Idee hat, ist ein Spinner, bis die Idee einschlägt.“

Mark Twain

„Eisenbahnfahrten bei hoher Geschwindigkeit sind unmöglich, weil die Passagiere an Atemnot sterben würden.“

Dr. D. Lardner, 1830

„Schwerer als Luft? Solche Flugmaschinen sind unmöglich.“

Lord Kelvin, Präsident der Royal Society, 1895

„Das Telefon hat so viele Mängel, dass es nicht ernsthaft als Kommunikationsmittel taugt. Das Gerät ist ohne Wert für uns.“

Internes Memo bei Western Union, 1876

„Die weltweite Nachfrage nach Kraftfahrzeugen wird eine Million nicht überschreiten – allein schon aus Mangel an verfügbaren Chauffeuren.“

Gottlieb Daimler, 1901

„Es gibt nicht den geringsten Hinweis, dass Atomenergie jemals nutzbar sein wird.“

Albert Einstein, 1934

„Ich denke, dass es einen Weltmarkt für vielleicht fünf Computer gibt.“

Thomas Watson,
CEO IBM, 1943

„Wir mögen ihre Musik nicht und Gitarren-Gruppen werden bald aus der Mode kommen.“

Decca Records an den Beatles-Manager, 1962

„Die Virenproblematik ist nur ein temporäres Problem.“

John McAffee, 1988

„Das Internet wird nicht mehr Einfluss haben auf die Wirtschaft als das Faxgerät.“

Paul Krugman,
Nobelpreisträger für Ökonomie, 1998

„Das iPhone hat keine Chance, auf dem Markt zu bestehen.“

Steve Ballmer,
CEO Microsoft, 2007

Glaube an Deine Idee

Max Planck hat einmal gesagt, dass die Wahrheit nie triumphiert, sondern ihre Gegner aussterben. Ein Blick in die Ahnengalerie hilft, um in den grauen Stunden des Zweifels gelassen zu bleiben.

Literaturtipps

Einige der Gedanken zum Thema Marketing sind inspiriert von:

Godin, S. (2018). This is marketing. You Can't Be Seen Until You Learn To See. Penguin.

Die Geschichte der Shackletons Endurance-Expedition ist unübertroffen beschrieben in:

Lansing, A. (2000). 635 Tage im Eis. Goldmann.

Zum Thema Resilienz:

Reivich, K./Shatté, A. (2002). The Resilience Factor. Seven Essential Skills For Overcoming Life's Inevitable Obstacles, Broadway Books.

Cyrulnik, B. (2009). Resilience. Penguin.

Zum Matthäus-Effekt siehe Wikipedia und ein ausführliches Kapitel in dem empfehlenswerten Buch:

Gladwell, M. (2008). Outliers. The Story of Success. Penguin. S. 15-37.

Eine gute Übersicht über die schmutzigen Gesetze der Macht, die im Hintergrund die Interessen-Arena steuern, bietet:

Greene, R. (1998). Power. Die 48 Gesetze der Macht. Hanser.

Danksagung

Danke an Holger Sindemann, Christof Humberg und Barbara Moeller für die Herausforderungen und die Projekte der vergangenen Jahre. Ohne die Offenheit, das Vertrauen und die Wertschätzung wäre dieses Buch nicht entstanden. Tolle Projekte bei und mit Euch.
Danke auch an Fabian Schwarz, an Christian Jäger, Caroline Schwarz, an Nadine Wolf, Leonie Schmidt, Markus Peters, an Jana Walter und Daniel Herrmann, an Doris Bauer für die spannenden Projekte und mutigen Workshops, die ich für jeden von ihnen umsetzen konnte.

Liebe Grüße an Angelika Ruckdeschel, Eva Rolofs, Marlyse Permantier und alle Freunde und Bekannten aus der Druckgrafik. Ihr macht mein Leben reicher. Danke.

Walter Dohmen, Ruth Clemens und Klaus Jüdes. Von Euch habe ich die Druckgrafik erlernt – was in diesem Buch nicht sichtbar wird, aber absolut notwendig war, um es möglich zu machen. Eure Anregungen bleiben weit über dieses Buch hinaus wichtig. Danke.

Oliver Röntgen, der einen ersten Prototypen des Buches durchsah und dessen Kommentare inspirierten und Hella Woelke, die den Prototypen nutzte, und die vielleicht gar nicht weiß, das sie in einem Gespräch zum Auslöser wurde, das Buch endlich zu 'machen' ... vielen Dank an beide.

Mein Schatz Claudia und mein Schatz Lisa. Ihr seid da und ich liebe Euch.

Grüße an alle, die durch das Buch und das Konzept inspiriert werden und dazukommen. Das Buch ist für Euch, für wen sonst. Findet Eure Quelle. Seid kreativ.

Über den Autor

Dr. Udo Haeske ist freiberuflicher Organisationsberater und Leadership-Coach. Er unterstützt Menschen, Teams und Organisationen mit Führungsanspruch in kreativen Entwicklungsprozessen und arbeitet nebenbei künstlerisch.

Besuchen Sie ihn gerne auf seinen Homepages:
www.embeco.de
www.haeske.art
www.shackleton-fuehrung.de